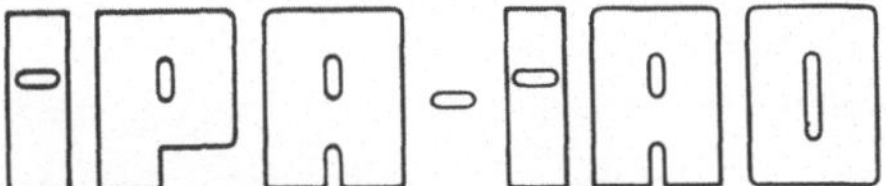

Forschung und Praxis

Band 114

Berichte aus dem
Fraunhofer-Institut für Produktionstechnik
und Automatisierung (IPA), Stuttgart,
Fraunhofer-Institut für Arbeitswirtschaft
und Organisation (IAO), Stuttgart, und
Institut für Industrielle Fertigung und
Fabrikbetrieb der Universität Stuttgart

Herausgeber: H. J. Warnecke und H.-J. Bullinger

Alfred Mack

Funktional und räumlich variables und modulares Laborgerätesystem

Mit 39 Abbildungen

Springer-Verlag
Berlin Heidelberg New York
London Paris Tokyo 1988

Dipl.-Ing. Alfred Mack

Fraunhofer-Institut für Produktionstechnik und Automatisierung (IPA), Stuttgart

Dr.-Ing. H. J. Warnecke

o. Professor an der Universität Stuttgart
Fraunhofer-Institut für Produktionstechnik und Automatisierung (IPA), Stuttgart

Dr.-Ing. habil. H.-J. Bullinger

o. Professor an der Universität Stuttgart
Fraunhofer-Institut für Arbeitswirtschaft und Organisation (IAO), Stuttgart

D 93

ISBN-13:978-3-540-18786-8 e-ISBN-13:978-3-642-83330-4
DOI: 10.1007/978-3-642-83330-4

Gesamtherstellung: Copydruck GmbH, Heimsheim
2362/3020—543210

Geleitwort der Herausgeber

Futuristische Bilder werden heute entworfen:

- o Roboter bauen Roboter,
- o Breitbandinformationssysteme transferieren riesige Datenmengen in Sekunden um die ganze Welt.

Von der "menschenleeren Fabrik" wird da gesprochen und vom "papierlosen Büro". Wörtlich genommen muß man beides als Utopie bezeichnen, aber der Entwicklungstrend geht sicher zur "automatischen Fertigung" und zum "rechnerunterstützten Büro". Forschung bedarf der Perspektive, Forschung benötigt aber auch die Rückkopplung zur Praxis - insbesondere im Bereich der Produktionstechnik und der Arbeitswissenschaft.

Für eine Industriegesellschaft hat die Produktionstechnik eine Schlüsselstellung. Mechanisierung und Automatisierung haben es uns in den letzten Jahren erlaubt, die Produktivität unserer Wirtschaft ständig zu verbessern. In der Vergangenheit stand dabei die Leistungssteigerung einzelner Maschinen und Verfahren im Vordergrund. Heute wissen wir, daß wir das Zusammenspiel der verschiedenen Unternehmensbereiche stärker beachten müssen. In der Fertigung selbst konzipieren wir flexible Fertigungssysteme, die viele verkettete Einzelmaschinen beinhalten. Dort, wo es Produkt und Produktionsprogramm zulassen, denken wir intensiv über die Verknüpfung von Konstruktion, Arbeitsvorbereitung, Fertigung und Qualitätskontrolle nach. Rechnerunterstützte Informationssysteme helfen dabei und sollen zum CIM (Computer Integrated Manufacturing) führen und CAD (Computer Aided Design) und CAM (Computer Aided Manufacturing) vereinen. Auch die Büroarbeit wird neu durchdacht und mit Hilfe vernetzter Computersysteme teilweise automatisiert und mit den anderen Unternehmensfunktionen verbunden. Information ist zu einem Produktionsfaktor geworden, und die Art und Weise, wie man damit umgeht, wird mit über den Unternehmenserfolg entscheiden.

Der Erfolg in unseren Unternehmen hängt auch in der Zukunft entscheidend von den dort arbeitenden Menschen ab. Rationalisierung und Automatisierung müssen deshalb im Zusammenhang mit Fragen der Arbeitsgestaltung betrieben werden, unter Berücksichtigung der Bedürfnisse der Mitarbeiter und unter Beachtung der erforderlichen Qualifikationen. Investitionen in Maschinen und Anlagen müssen deshalb in der Produktion wie im Büro durch Investitionen in die Qualifikation der Mitarbeiter begleitet werden. Bereits im Planungsstadium müssen Technik, Organisation und Soziales integrativ betrachtet und mit gleichrangigen Gestaltungszielen belegt werden.

Von wissenschaftlicher Seite muß dieses Bemühen durch die Entwicklung von Methoden und Vorgehensweisen zur systematischen Analyse und Verbesserung des Systems Produktionsbetrieb einschließlich der erforderlichen Dienstleistungsfunktionen unterstützt werden. Die Ingenieure sind hier gefordert, in enger Zusammenarbeit mit anderen Disziplinen, z. B. der Informatik, der Wirtschaftswissenschaften und der Arbeitswissenschaft, Lösungen zu erarbeiten, die den veränderten Randbedingungen Rechnung tragen.

Beispielhaft sei hier an den großen Bereich der Informationsverarbeitung im Betrieb erinnert, der von der Angebotserstellung über Konstruktion und Arbeitsvorbereitung, bis hin zur Fertigungssteuerung und Qualitätskontrolle reicht. Beim Materialfluß geht es um die richtige Auswahl und den Einsatz von Fördermitteln sowie Anordnung und Ausstattung von Lagern. Große Aufmerksamkeit wird in nächster Zukunft auch der weiteren Automatisierung der Handhabung von Werkstücken und Werkzeugen sowie der Montage von Produkten geschenkt werden.

Von der Forschung muß in diesem Zusammenhang ein Beitrag zum Einsatz fortschrittlicher intelligenter Computersysteme erfolgen. Planungsprozesse müssen durch Softwaresysteme unterstützt und Arbeitsbedingungen wissenschaftlich analysiert und neu gestaltet werden.

Die von den Herausgebern geleiteten Institute, das

- Institut für Industrielle Fertigung und Fabrikbetrieb der Universität Stuttgart (IFF),

- Fraunhofer-Institut für Produktionstechnik und Automatisierung (IPA),

- Fraunhofer-Institut für Arbeitswirtschaft und Organisation (IAO)

arbeiten in grundlegender und angewandter Forschung intensiv an den oben aufgezeigten Entwicklungen mit. Die Ausstattung der Labors und die Qualifikation der Mitarbeiter haben bereits in der Vergangenheit zu Forschungsergebnissen geführt, die für die Praxis von großem Wert waren. Zur Umsetzung gewonnener Erkenntnisse wird die Schriftenreihe "IPA-IAO - Forschung und Praxis" herausgegeben. Der vorliegende Band setzt diese Reihe fort. Eine Übersicht über bisher erschienene Titel wird am Schluß dieses Buches gegeben.

Dem Verfasser sei für die geleistete Arbeit gedankt, dem Springer-Verlag für die Aufnahme dieser Schriftenreihe in seine Angebotspalette und der Druckerei für saubere und zügige Ausführung. Möge das Buch von der Fachwelt gut aufgenommen werden.

H. J. Warnecke · H.-J. Bullinger

Vorwort

Das vorliegende Buch entstand während meiner Tätigkeit als wissenschaftlicher Mitarbeiter am Fraunhofer-Institut für Produktionstechnik und Automatisierung (IPA), Stuttgart. Als Dank für das entgegengebrachte Verständnis für diese Arbeit widme ich dieses Buch meiner Frau und meiner Tochter.

Herrn Professor Dr.-Ing. H.-J. Warnecke danke ich für seine wohlwollende Unterstützung und Förderung meiner Arbeit.

Mein Dank gilt in gleicher Weise Herrn Professor Dr. rer. nat. G. Gauglitz für die Durchsicht der Arbeit und die Übernahme des Mitberichtes.

Ferner danke ich allen Kolleginnen und Kollegen, die mich durch ihre Mitarbeit und anregende Kritik unterstützt haben. Mein besoderer Dank gilt den Herren Dipl.-Ing. C. Gutbrod und Dipl.-Ing. J. Rothenburg für die ausdauernde Diskussionbereitschaft und Unterstützung bei der Realisierung sowie Herrn Dr. J. Schärfe für seine befruchtenden und kritischen Anregungen

Stuttgart, Oktober 1987 Alfred Mack

Inhaltsverzeichnis

Seite

Seite

Abkürzungen

ADC	Analog-Digital-Converter
ACK	Acknowledge, Empfangskennung
BM	Busmanager
BU	Bereichsumschaltung
CCITT	Comité Consultatif International Télégraphique et Téléphonique
CPU	Central-Processing-Unit
DC	Decent Current
DAC	Digital-Analog-Converter
DIC	Data-Terminal-Controller
DIN	Deutsches Institut für Normung
DIRL	Direction left
DIRR	Direction right
DMA	Direct Memory Access
EPROM	Erasable Programable Read only Memory
FCS	Frame-Check-Sequence
FIFO	First-in first-out Speicher
FPLC	Mitteldruck-Flüssigkeits-chromatographie
HDLC	High Level Data Link Control
IEEE	Institute of Electrical and Electronics Engineers
I/O	Input/Output
ISO	International Standardization Organization
LCD	Liquid Cristal Display
LGS	Laborgerätesystem
MEM	Memoryplatine
MPCC	Multi-Protocoller-Communication-Controller
MTM	Multimeter
PAL	Programmable Array Logic
PIA	Peripheral Interface Adapter
PID-Regler	Proportional-Integral-Differentialregler

Literaturverzeichnis

/1/ Daten-Kommunikation: Elektronik Sonderheft. München: Franzis, 1985

/2/ Jokusch, P.; Hegger, M.: Betriebsanalyse und Nutzungsmessung als Instrumente der Bedarfsplanung. Stuttgart: Zentralarchiv für Hochschulbau, 1973

/3/ Gerthsen, C.; Kneser, H. O.; Vogel, H.: Physik. 15. Aufl. neubearb. u. erw. Berlin u. a.: Springer,1986

/4/ Becker, R. S.; Wentworth, W. E.: Allgemeine Chemie. Band 2: Thermodynamik, Gleichgewichte, Kinetik. Stuttgart: Thieme, 1976

/5/ Becker, R. S.; Wentworth, W. E.: Allgemeine Chemie, Band 1, Atom- und Molekülbau, Periodensystem, Chemische Reaktionen. Stuttgart: Thieme, 1976

/6/ Fluck, E.; Brasted, R. C. Allgemeine und Anorganische Chemie. 2. Aufl. Heidelberg: Quelle und Meier, 1979

/7/ Becker, R. S.; Wentworth, W. E.: Allgemeine Chemie. Band 3: Übergangsmetalle, Kern-, Bio-, Photochemie. Stuttgart: Thieme, 1976

/8/ Bühler, H.: Grundlagen und Probleme der pH-Messung. Frankfurt: Fa. Ingold KG, 1980

/9/ Stroppe, H.: Physik. Leipzig: VEB-Fachbuch-Verlag, 1974

/10/ Sachs, L. Statistische Methoden. 5. Aufl. Berlin u. a.: Springer, 1982

1 Einleitung

Die Konzeption einer Gerätesystematik für chemisch-medizinische Laboratorien wird vor allem durch die Vielfalt der auftretenden Anwendungsprobleme bestimmt. Diese Vielfalt ist nicht nur durch chemische Zusammenhänge vorgegeben, sondern wird in großem Maße auch durch die spezifischen Randbedingungen, Arbeitsweisen, Umweltbedingungen, Sicherheitsbelange, Dynamik der Arbeitsinhalte und nicht zuletzt durch hohe Qualifikationsunterschiede bei den Mitarbeitern hervorgerufen. Ein Gerätekonzept für diesen Anwendungsbereich muß deshalb ergonomische Gesichtspunkte in einer vielschichtigen Form mitberücksichtigen. Diese erstrecken sich von der mechanischen Gestaltung und Handhabung bis zur Gerätekopplung und Bedienung. Darüber hinaus ergeben sich weitere Randbedingungen aus der zur Verfügung stehenden und realisierbaren Gerätetechnik und den angestrebten fertigungstechnischen Effekten wie Reproduzierbarkeit, Nutzungsintensität oder Automatisierung. Diese Anforderungen und Randbedingungen kristallieren an der Idee der Standardisierung und Modularisierung zu einem Laborgerätesystem, das sich vor allem durch funktionale und räumliche Variabilität auszeichnet.

Funktionsspezifische Gerätegrenzen und geräteinterne Standardisierungen bestimmen in hohem Maße die Wirtschaftlichkeit des Laborgerätesystems. Mit Hilfe eines Gerätesystems durch Anwendungsvielfalt, Standardisierung und Anpassung an sich ändernde Arbeitsinhalte soll eine höhere Produktivität erreicht werden. Über eine weitgehende Automatisierung soll vor allem der Vorteil der Reproduzierbarkeit erschlossen und über ein individuelles Kombinieren von Funktionseinheiten ein Höchstmaß an Variabilität erreicht werden.

1.1 Auswahl eines Anwendungsbereiches

Die Auswahl eines Anwendungsbereiches steht in einer Wechselwirkung mit den Zielvorstellungen. In weitem Maße ist die Auswahl eines Anwendungsbereiches auch eine Festlegung von Zielvorstellungen. In Bild 1.1 sind die Randbedingungen, die aus dem Anwendungsbereich und den Zielvorstellungen auf die Gestaltung eines Laborgerätesystems Einfluß nehmen, dargestellt. Dabei ergeben sich aus der Auswahl der Organisationsebene die im chemisch-medizinischen Labor vorhandenen und notwendigen Arbeitsinhalte.

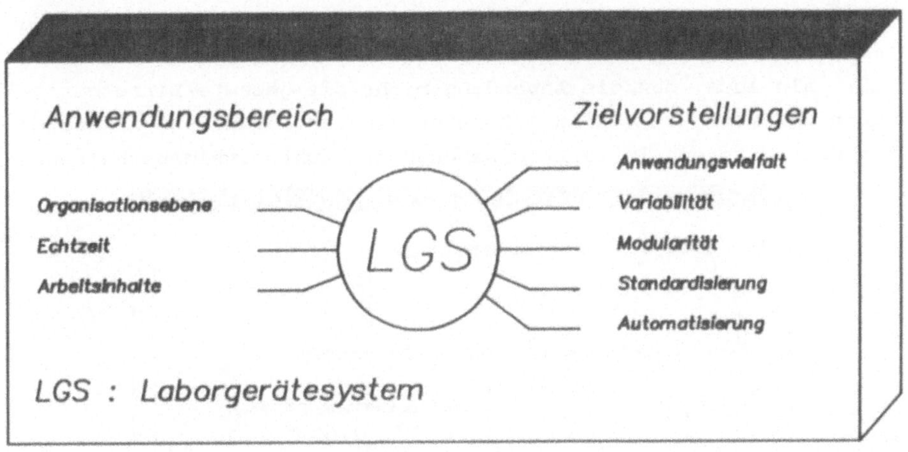

Bild 1.1: Randbedingungen für die Gestaltung eines Laborgerätesystems

Die Zielvorstellungen Anwendungsvielfalt, Variabilität und Modularität von Hardware und Software lassen sich im Hinblick auf eine Versuchssteuerung nur in der Einzelgeräteebene realisieren. Dort ist eine weitgehende Unabhängigkeit von spezifischen Problemlösungen vorhanden. Mit der Realisierung einer Gerätesystematik in dieser Ebene wird gleichzeitig eine Standardisierung der Schnittstellen zum Versuch und zu übergeordneten Systemen notwendig und möglich. In Bild 1.2 ist die Laborgerätetechnik abhängig von der Komplexität ihrer Funktionen und ihrer möglichen Echtzeiteigenschaften dargestellt.

Eine Gerätesystematik, die sich in einfache Grundfunktionen gliedert und eine beliebige Kombination der Funktionen ermöglicht, erschließt damit gleichzeitig erweiterte Funktionen in der Geräteleitebene. Die Möglichkeit der Automatisierung kann dabei durch die Eigenschaft der Fernparametrierung erschlossen werden. Durch Standardisierung und Fernparametrierung stellt ein derartiges Gerätekonzept die unterste Controllerebene für eine Fertigungs- oder Laborleitebene dar, die eine wirkliche Fertigungssteuerung erst möglich macht.

Ein Gerätesystem, das eine Kommunikation zwischen Einzelgeräten ermöglicht und von übergeordneten Einheiten ausgehend eine Versuchssteuerung zulässt, kann zwischen den Einzelgeräten nur begrenzte Echtzeiteigenschaften aufweisen. Dies bedingt sowohl, daß die Kommunikation zwischen den Geräten besonders beachtet werden muß, als auch, daß die Anwendung nicht die gesamte Einzelgeräteebene umfassen kann. Bild 1.2 zeigt die Einordnung des angestrebten Gerätesystems in Funktionsebenen und Echtzeiteigenschaften.

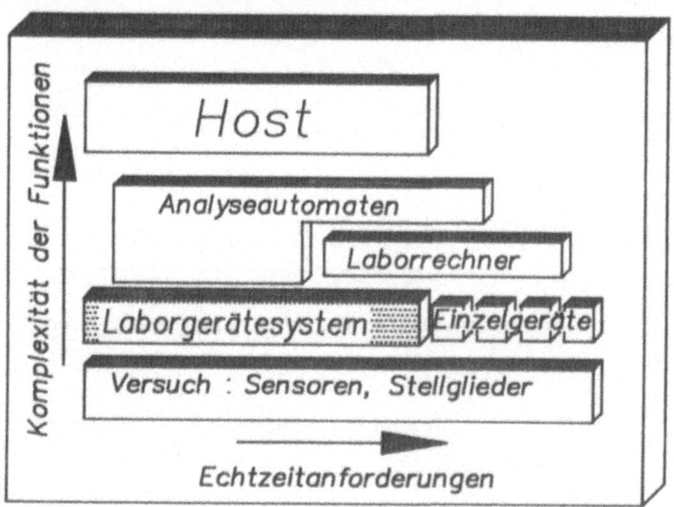

Bild 1.2: Einordnung des Laborgerätesystems nach Prozessebenen und Echtzeitanforderungen

Die Echtzeiteigenschaften der Einzelgeräte sind abhängig von der jeweiligen Gerätefunktion und entsprechen allen herkömmlichen Geräten. Durch die systeminterne Kommunikation der Einzelgeräte werden die Echtzeiteigenschaften begrenzt. Nur mit dieser Einschränkung ist ein räumlich verteiltes und variables System realisierbar.

1.2 Zielsetzung

Der Laborant besitzt vor allem ein Fachwissen im chemischen Bereich und sollte nicht als Informatiker oder Gerätetechniker eingesetzt werden. Ziel dieser Arbeit ist ein Gerätekonzept, bei dem der Laborant ohne Programmierung sowohl Einzelgeräte bedienen als auch komplexe Gerätegruppen konfigurieren und verknüpfen kann, ohne sich in unterschiedliche Geräte einarbeiten zu müssen. Dies erfordert vor allem eine Standardisierung von Bedienstrukturen, Schnittstellen und Gerätefunktionen.

Die notwendigen Standardisierungen erstrecken sich auf die Bereiche:

o Gerätefunktionen,
o räumliche Abmessungen,
o Handhabung,
o Schnittstellen,
  - vom Gerätesystem zum Bediener,
  - zwischen den Geräten,
  - vom Gerätesystem zu übergeordneten Systemen und
  - vom Gerätesystem zum Versuch.

Um die Einbindung in vorhandene Systeme zu erlauben, wird auf gängige Standards in diesem Bereich verwiesen /1/.

Die Funktionen der Module sollen so definiert werden, daß sie sowohl als Einzelgeräte eine Anwendung finden können als sich auch zu komplexen Funktionen kombinieren lassen. Dadurch wird erreicht, daß sich der Anwender nur mit einem begrenzten Fundus von Einzelgeräten befassen muß und sich aus diesem Potential die Problemlösung zusammenstellen kann.

Für räumliche Abmessungen sind Rastermaße zu erarbeiten, die eine Integration der Geräte in die Einrichtung ermöglichen. Dies hat zum Ziel, die Belegung der Arbeitsfläche zu verringern und gleichzeitig das Handhaben der Geräte zu vereinfachen.

Die Einzelgeräte sollen sich durch Einbringen in eine Kommunikationseinrichtung in eine bestehende Anordnung integrieren lassen. Darüber hinaus sollte die Bedienung nicht nur an den einzelnen Geräten, sondern auch von einer beliebigen Stelle des Systems aus erfolgen können. Diese Zielsetzung erschließt gleichzeitig die Möglichkeit der Fernparametrierung und erfordert einen erhöhten Schutz gegen Fehlbedienung und unbeabsichtigte Beeinflussung anderer Systembereiche.

Für den Anwender muß primär die Bedienung standardisiert werden.

Bei der notwendigen Gerätevielfalt muß eine Bedienstruktur erarbeitet werden, die durch gerätespezifische Inhalte eine Geräteeinstellung und Parametrisierung ermöglicht.

Zur notwendigen Anpassung an den Laborbetrieb muß das System auch während des Betriebes eine räumliche und funktionelle Variabilität aufweisen. Um Störungen anderer Arbeitsbereiche zu vermeiden, dürfen mögliche Änderungen nur in einem definierten abgegrenzten Systembereich einen Einfluß haben.

1.3 Vorgehensweise

Als Basis für die Konzeption des zu entwickelnden Gerätesystems dient eine Untersuchung der grundlegenden Gesetzmäßigkeiten der Chemie. Aus diesen Betrachtungen lassen sich elementare gerätetechnische Funktionen ableiten, die innerhalb chemisch-medizinischer Laboratorien benötigt werden. Darüber hinaus ergeben sich aus diesen Betrachtungen Randbedingungen für die Arbeitsweise im Labor, die zum Einen die Notwendigkeit einer Automatisierung unterstreichen und zum Anderen die Systemeigenschaften entscheidend beeinflussen.

Ausgehend von der Auswahl einer gerätetechnischen Ebene innerhalb der chemischen-medizinischen Labors, welche die Realisierung der Zielvorstellungen erwarten läßt, werden die hier notwendigen Grundfunktionen der Gerätetechnik erarbeitet. Bezüglich dieser Grundfunktionen wird dann ermittelt, welche Funktionsverkettungen und -verknüpfungen notwendig oder möglich sind, um auch komplexe Funktionen zu realisieren. In Verbindung mit den unterschiedlichen Aufgabenstellungen und der Arbeitsweise im Labor ergeben sich daraus Variabilitätsanforderungen und Randbedingungen bezüglich der Handhabung und Bedienung.

Aus diesen einleitenden Untersuchungen werden die Systemeigenschaften:

- o Funktionsaufteilung,
- o Verknüpfungsfunktionen,
- o Variabilität und
- o Handhabung

ermittelt und eine geeignete Systemarchitektur erarbeitet. Aus den allgemeinen Kriterien für die Funktionsaufteilung werden Gerätegruppen und Einzelgeräte hergeleitet und deren Funktion allgemein beschrieben.

Auf der Basis der Anforderungen bezüglich Handhabung, Variabilität und Funktionsverknüpfung wird eine geeignete Software- und Hardwarekommunikation zwischen den Geräten erarbeitet und konzipiert. Von der gleichen Anforderungsbasis aus wird eine Schnittstelle zum Bediener mit ihren Bedienfunktionen, Anzeigen und Eingabemöglichkeiten definiert und beschrieben. Über die anwendungsspezifischen Festlegungen hinaus werden mögliche und notwendige Funktionen zur Datensicherung, Verfügbarkeit und Fehlerbehebung diskutiert.

In einem weiteren Arbeitsschritt wird an einem Realisierungsbeispiel eine sinnvolle geräteinterne Standardisierung erarbeitet. Dabei wird sowohl ein Hardware-Konzept als auch ein Software-Konzept vorgestellt und die jeweiligen Einzelfunktionen beschrieben. Besonders wird hier auf den Bereich der systeminternen Kommunikation und die Bedienfunktionen eingegangen.

Anhand von Anwendungsbeispielen werden die Einsatzmöglichkeiten und Systemeigenschaften verdeutlicht. Abschließend wird das entwickelte Laborgerätesystem bewertet und die Auswirkungen im Umfeld des Laborarbeitsplatzes und mögliche Entwicklungstendenzen aufgezeigt.

2 Stand der Technik

In vielen Bereichen der Chemie hat sich der Laborarbeitsplatz seit 20 bis 30 Jahren kaum in seinen Arbeitsmitteln und Verfahren geändert. Der Einsatz der Rechnertechnologie hat sich bis heute sehr stark auf die reine Datenerfassung, auf die Verknüpfung von Daten in großen Hintergrundspeichern und auf die Anwendung in spezialisierten Analyseautomaten beschränkt. Die Gerätetechnik am Laborarbeitsplatz ist gekennzeichnet durch spezialisierte Einzelgeräte. Aufgrund dieser Struktur wird bei der Versuchsdurchführung oft eine Vielzahl von Geräten benötigt, die dann den Arbeitsplatz für die Versuchsdurchführung stark einschränken.

Die Analyse der Arbeitsinhalte beschreibt über den Stand der Gerätetechnik hinaus die Art der Versuchsdurchführung im Labor. Hierbei kommen sehr stark auch verfahrenstechnische Fragestellungen zum Tragen. Der Versuch wird geplant, aufgebaut, getestet, gegebenenfalls geändert und anschließend wird der eigentliche Versuch durchgeführt. Die vorbereitenden Tätigkeiten werden vor allem in der Forschung vom Laboranten selbst, bei Fertigungs- und Routinelabors von der Arbeitsvorbeitung, durchgeführt. Dabei ist die Komplexität dieser einzelnen Schritte sehr stark vom Arbeitsgebiet und den Versuchsinhalten abhängig /2/.

Die Betrachtungen über den Stand der Gerätetechnik im Labor beziehen sich auf die Einzelgeräteebene und die für die Kopplung der Geräte mit dem Versuch und übergeordneten Systemen vorhandenen Schnittstellen. Darüber hinaus wird auf weiterführende Geräte oder Systeme wie Handhabungseinrichtungen oder Datenerfassungssysteme in soweit eingegangen, wie die Schnittstellen zu diesen Systemen ein Gerätekonzept in der Einzelgeräteebene beeinflussen. Im einzelnen wird die Gerätetechnik in ihrer Variation und Funktion dargestellt und ihre Bedienung untersucht.

2.1 Theoretische Grundlagen

Die Laborgerätetechnik soll in einer Form untersucht und betrachtet werden, die eine Vereinheitlichung dauernd wiederkehrender Arbeitsvorgänge erlaubt. Dies erfordert auch eine Betrachtung der Parameter und Versuchsabläufe, die in der Chemie und in den verwandten Gebieten eigentlich entscheidend sind und damit die Versuchsinhalte wesentlich bestimmen.

Ausgangsbasis für eine derartige Betrachtung sollen hier die grundlegenden Gleichungen der Chemie sein, aus denen sich die Analyse- und Bestimmungsmethoden ableiten lassen. Diese Zusammenhänge bestimmen auch allgemein die Arbeitsinhalte im Labor und damit die Anforderungen an die gerätetechnischen Hilfsmittel.

2.1.1 Energetische Betrachtungen

Als allgemeine Grundlage kann vom ersten, zweiten sowie vom dritten Hauptsatz der Thermodynamik ausgegangen werden /3/.

1. Hauptsatz:

$\Delta U = U_2 - U_1$

ΔU = Änderung der inneren Energie

U_1, U_2 = Innere Energien in den Zuständen 1 bzw. 2

2. Hauptsatz:

$n_1 = n_2$

n_1, n_2 = Wirkungsgrade von Kreisprozessen mit gleicher Temperaturdifferenz

3. Hauptsatz

$$\lim_{T \to 0} \frac{d\Delta U}{dT} = 0$$

T = Temperatur

Diese drei Gleichungen können als gemeinsame Basis für alle chemisch-physikalischen Zusammenhänge betrachtet werden.

Aus den zwei ersten Hauptsätzen leitet sich die Gleichung für die freie Gibbs'sche Energie ab /4/. Mit dieser Gleichung läßt sich der Verlauf chemischer Reaktionen abschätzen. Die in dieser Gleichung ausgedrückte Temperaturabhängigkeit führt in der Praxis zu Temperaturmessungen. Darüber hinaus sind weite Bereiche der Kalorimetrie, mit der zusätzlichen Problemstellung der Massebestimmung, durch diese Zusammenhänge geprägt.

Gibbs- Helmholz- Gleichung

$$\Delta G = \Delta H - T\Delta S$$

ΔG= freie Gibbs'sche Energie
ΔH= rel. Bildungsenthalpie
T= absolute Temperatur
ΔS= Entropieänderung

$\Delta G < 0$ -> Reaktion läuft nicht ab
$\Delta G = 0$ -> Reaktion steht still
$\Delta G > 0$ -> Reaktion läuft ab

Die allgemeine Gasgleichung bringt die Größen Druck, Temperatur und Volumen in einen allgemeinen Zusammenhang /5/. Dieser Zusammenhang gilt allerdings nur für ideale Gase. Daraus ergeben sich in der Praxis vor allem die Problemstellungen der Temperatur-, Druck- und Volumenmessung.

Allgemeine Gasgleichung

$$p \cdot V = n \cdot R \cdot T$$

p= Druck
V= Volumen
n= Anzahl der Mole
R= allgemeine Gaskonstante
T= absolute Temperatur

Das Massenwirkungsgesetz leitet sich mit Hilfe der allgemeinen Gasgleichung und der freien Gibbs'schen Energie ab /6/. Das Massenwirkungsgesetz gilt für eine beliebige reversible Reaktion im abgeschlossenen System und bei konstanter Temperatur. Hierbei ist K ein Maß für die Lage des Gleichgewichts und wird als Massenwirkungskonstante bezeichnet.

Aus diesem Zusammenhang resultieren in der Praxis vor allem Konzentrationsmessungen sowie Mengen-, Massen- und Dichtebestimmungen. Durch die Gestaltung der Versuchsbedingungen wird darüber hinaus der Massenwirkungskoeffizient beeinflußt.

Massenwirkungsgesetz

$$a \cdot A + b \cdot B + c \cdot C \rightleftharpoons d \cdot D + e \cdot E + f \cdot F$$

A,B,C,..F= Stoffe

a,b,c,..f= Konzentrationen

$$K = \frac{D^d + E^e + F^f}{A^a + B^b + C^c}$$

K= Massenwirkungskonstante

Ebenfalls mit Hilfe der freien Gibbs'schen Energie läßt sich auf die Nernst-Gleichung schließen /7/. Auf diese Gleichung läßt sich

Nernst-Gleichung

$$\varepsilon = \varepsilon_0 - \frac{R \cdot T}{n \cdot F} \cdot ln \frac{[C]^c}{[B]^b}$$

B,C= Stoffe

b,c= Konzentrationen

n= Anzahl der Mole

R= allgemeine Gaskonstante

T= absolute Temeratur

ε = Elektrodenpotential

ε_0 = Standardpotential

F= Faraday'sche Konstante

die gesamte Potentiometrie zurückführen und resultiert letztendlich in einer Spannungsmessung von Spannungen weniger Millivolt bis einigen Volt. Dabei müssen die Meßgeräte einen Innenwiderstand von mehr als 1 GOhm aufweisen /8/. Dieser hohe Wert berücksichtigt den Innenwiderstand der Elektroden und verhindert weitgehend eine Rückwirkung der Messungen auf das Meßgut.

Eine Aussage über Konzentrationsänderungen und Diffusion liefert das Fick'sche Gesetz /3/. Mit Hilfe dieser Zusammenhänge können Stoff- und Wärmeübergänge untersucht werden. Darüber hinaus basieren viele Trennungsmethoden auf diesen Zusammenhängen.

1. Fick'sches Gesetz

$j_n = -D \text{ grad } n$

n = Teilchenzahldichte
j_n = Teilchenstromdichte
D = Diffusionskoeffizient

2. Fick'sches Gesetz

$\dot{n} = D \cdot \text{div grad } n = D \cdot \Delta n$

Durch die Anregung mit Lichtenergie

Plank'sches Gesetz

$E = h \cdot \nu$

h = Plank'sche Wirkungskonstante
ν = Frequenz

treten in Atomen und Molekülen folgende Phänomene auf /9/:

- Anhebung der Elektronen in höhere, freie Energieniveaus (Absorption)
- Abfallen der Elektronen in niedere Energieniveaus unter Lichtabgabe (Fluoreszenz, Phosphoreszenz)
- fotochemische Reaktionen.

Zusätzlich bei Molekülen:

- Schwingungs- und Reaktionsvorgänge im Molekül

Die Beeinflußbarkeit chemischer Reaktionen durch Licht führt zu dem gesamten Bereich der Fotochemie.

Das Lambert-Beer'sche Gesetz /3/ ist gleichzeitig als Definition der Extinktion E aufzufassen und beschreibt die Strahlungsdämpfung beim Durchstrahlen eines Mediums. Der Extinktionskoeffizient ist dabei abhängig von der Wellenlänge des eingestrahlten Lichtes.

Jedes Atom bzw. Molekül nimmt in Abhängigkeit der zugeführten Energie diskrete charakteristische Zustände an, so daß davon

Lambert–Beer–Gesetz

$$E = \log \frac{I_0}{I} = \varepsilon \cdot c \cdot d$$

I_0 = Anfangsintensität
I = Intensität
ε = Extinktionsfaktor
c = Konzentration
d = Schichtdicke

ausgegangen werden kann, daß die Absoption bzw. Emissionsspektren charakteristisch für jede Verbindung sind. Von den Spektren sind neben den Röntgenspektren vor allem die Infrarot- und Ultraviolettspektren von besonderer Bedeutung.

Da die Energie eines Lichtquants proportional der Frequenz der betreffenden Strahlen ist, hat die Infrarotstrahlung eine verhältnismäßige geringe Energie. Sie reicht aus, um Atome bzw. Moleküle in Schwingungen zu versetzen.

UV-Strahlen hingegen sind in der Lage, Elektronen in höhere Energieniveaus überzuführen.

Durch Vergleichsmessungen sind über diese Zusammenhänge Bestimmungen von Substanzen und Konzentrationen möglich und resultiert letztendlich in einer Lichtmessung durch Fotodioden oder Sekundärelektronenvervielfacher.

2.1.2 Fehlerbetrachtungen

Die im Labor gewonnenen Meßwerte können im allgemeinen als Grundlagen von Analysen betrachtet werden. Aus diesen Meßwerten lassen sich z.B. Konzentrationen, Reaktionsgeschwindigkeiten, Stoffzusammensetzungen oder allgemeine Versuchsbedingungen ableiten.

Die gewonnenen Meßwerte sind jedoch prinzipiell fehlerbehaftet. Der Gesamtfehler eines Meßwertes setzt sich aus dem stochastischen Fehler, dem systematischen Fehler, dem sogenannten persönlichen Fehler und dem Fehler durch Inhomogenität der Probe zusammen.

Standardabweichung

$$S = \sqrt{\frac{\sum_{i=1}^{n} (y_i - \bar{y})^2}{n-1}}$$

y = Einzelmesswert
$\bar{y}$ = Durchschnitt aller y_i
n = Anzahl der Messwerte
S = Standardabweichung

Ein Analyseergebnis setzt sich in der Regel aus Ergebnissen mehrerer Operationen zusammen. Nach dem Fehlerfortpflanzungsgesetz ermittelt sich die gesamte Standardabweichung gemäß der obigen Gleichung /10/. Bei der Quadratur der Einzelabweichungen fallen im wesentlichen die größten Einzelwerte ins Gewicht. Starke Standardabweichungen sind vor allem bei Versuchen mit häufigen manuellen Eingriffen und bei Langzeitversuchen zu erwarten, bei denen die Versuchsbedingungen nicht konstant gehalten werden.

$$\hat{S} = \sqrt{\frac{\sum_{i=1}^{n} (y_{i1} - y_{i2})^2}{2n}}$$

$y_{i1} - y_{i2}$ = Differenz der Extremwerte einer Stichprobe

Stochastische Fehler sind allein schon durch die Messung physikalischer Größe nicht ganz vermeidbar. Die Meßwerte eines stochastisch gestörten Signals verteilen sich entsprechend der Gaußkurve um einen Mittelwert. Der wirkliche Mittelwert kann erst nach theoretisch unendlich vielen Messungen bestimmt werden. Betrachtet man jedoch den Verlauf der Standardabweichung, die aus verhältnismäßig wenig Analysen ermittelt wird /11/ so zeigt sich, daß nach etwa 25 Messungen keine wesentlich höhere Genauigkeit erzielt werden kann. In /12/ werden für Analyseaufgaben 40 Messungen vorgeschlagen.

Fehler, die eine Verfälschung des Mittelwertes auch aus sehr vielen Messungen hervorrufen, werden systematische Fehler genannt. Diese Fehler haben häufig ihre Ursache in einer falschen Kalibrierung von Gefäßen oder Geräten, in Verlusten bei Trennungen und Aufschlüssen oder in verunreinigten Substanzen. Nach

/12/ können systematische Fehler vor allem durch Analyse von Eichproben, Überbestimmung, Aufstocken und Wiederholen der Analyse mit einem anderen Verfahren erkannt werden. Diese Möglichkeiten bedeuten jedoch immer mindestens eine Verdoppelung des Analyseaufwandes.

Persönliche Fehler treten durch manuelle Eingriffe des Laboranten bei der Versuchsdurchführung und Analyse auf. Dies sind Fehlleistungen wie z.B. das falsches Ablesen eines Meßgerätes, das ungenaues Kalibrieren eines Meßgerätes oder das fehlerhaftes Aufzeichnen von Ergebnissen. Derartige Fehler sind generell nicht vermeidbar /12/ und fallen häufig nur durch ihre großen Abweichungen in den Analyseergebnissen auf .

2.2 Analyse der Arbeitsinhalte

M. Hegger und F. Drake /14/ haben ermittelt, daß sich nur etwa 3% der Gesamtkosten einer Laborausstattung direkt auf die Betriebskosten abbilden lassen. Dieser Wert resultiert vor allem aus der oft geringen Nutzungsintensität, die jedoch meist aus dem Arbeitsablauf heraus sachlich gerechtfertigt ist. Große Pausen bei der Gerätenutzung ergeben sich vor allem dann, wenn sich die Arbeitsinhalte ändern und die vorhandene, meist problemorientierte Gerätetechnik, nicht eingesetzt werden kann. Bei einer Kurzzeitanalyse liegt die Nutzungsintensität zwischen 25% und 35% /2/.

Das chemisch-medizinische Labor ist ein Bereich der seine Arbeitsinhalte und Arbeitsverfahren selbst weiterentwickelt. Daraus ergibt sich ein ständiger Wandel der erforderlichen Gerätetechnik. Die im Labor eingesetzten Geräte sind jedoch stark auf Einzelprobleme spezialisiert. Bei einer Änderung der Arbeitsverfahren oder des Arbeitsablaufes sind häufig Neubeschaffungen oder umfangreiche Anpassungen notwendig.

Will der Anwender rechnergesteuerte Geräte miteinander koppeln, so muß er sich meist über sein anwenderspezifisches Fachwissen hinaus in die Programmierung und die Schnittstellenanpassung einarbeiten. Eine derartige Kopplung wird in verstärktem Maße immer dort notwendig sein, wo Wiederholung, Langzeitversuche, Reproduzierbarkeit oder die Gefährdung des Laboranten eine

Automatisierung notwendig erscheinen lassen.

Laboratorien im chemisch-medizinischen Bereich lassen sich sehr unterschiedlich gliedern bzw. zusammenfassen. Untersucht man die Arbeitsinhalte der verschiedenen Labortypen so stellt man fest, daß sich zwar die Schwerpunkte der Tätigkeiten unterscheiden, aber die grundlegenden einzelnen Arbeitsinhalte sich in jedem Bereich wiederholen /2/. Diese grundlegenden Tätigkeiten lassen sich auf relativ wenige Standardtätigkeiten zurückführen. Als derartige Standardtätigkeiten sind hier zu nennen:

- o Konzeption der Gestaltung des Versuchsaufbaus
- o Festlegung der Versuchsparameter und -bedingungen
- o Aufbau der Versuchsanordnung
- o Durchführung des Versuchs mit eventuellen Überwachungs- und Steueraufgaben
- o Festhalten und Protokollieren der Versuchsergebnisse und Versuchsbedingungen
- o Weiterleitung der Versuchsergebnisse an eine zentrale Datenerfassung

Vor allem in der Forschung verändern sich mit dem Erkenntnisstand über den Versuch die Anforderungen an Geräte, Versuchsparameter und an den Versuchsablauf. Dies führt letztendlich dazu, daß an den Versuchsaufbau eine sehr hohe Anforderung bezüglich Variabilität gestellt wird /15/.

Bei der Konzeption des Versuchsaufbaus wird eine erste Auswahl von Geräten, Stellgliedern und Sensoren getroffen. Speziell bei den Sensoren ändern sich die Anforderungen häufig während des Versuchs. Wird der Versuch aufgebaut, so ist vor allem bei der Kopplung von Geräten mit einer digitalen Datenübertragung eine Anpassung notwendig. Diese Anpassung kann bis zur Modifizierung der Übertragungssoftware führen. Der zeitliche Aufwand zum Aufbau des Versuchs erreicht im Mittel nahezu den Zeitaufwand für die Hauptmessungen /2/.

Während der Durchführung des Versuchs ist die Aufmerksamkeit des Laboranten bei geringem Automatisierungsgrad weitgehend gebunden. Eine Automatisierung ist durch die sich immer wieder ändernden

Versuchsbedingungen jedoch nicht sinnvoll. Der Laborant übernimmt dann selbst Steuer- und Regelfunktionen. Vor allem bei Langzeitversuchen entsteht dadurch eine unnötige Bindung von Personalkapazität, was häufig die für die Absicherung der Versuchsergebnisse notwendigen Wiederholungsmessungen verhindert /2/.

Vom Laboranten werden während oder nach dem Versuch die Versuchsergebnisse zum Teil von Hand protokolliert bzw. bestimmte Daten aus Diagrammen entnommen. Dabei werden auch aus mehreren Meßergebnissen Gesamtversuchsergebnisse berechnet. Vor allem die durch fehlerhaftes Ablesen bzw. Übertragen auftretenden möglichen Fehler sind nur schwer zu erkennen.

Zur Datenerfassung in Hintergrundrechnern werden häufig die Meßergebnisse manuell in Terminals eingegeben. Bei dieser Eingabe sind ebenfalls schwer erkennbare Eingabefehler möglich.

2.3 Stand der Gerätetechnik

Für die Lagerhaltung von Geräten sind im Labor derzeit weder geeignete Staumöglichkeiten vorhanden, noch weisen die Geräte geeignete standardisierte Abmaße auf, die ein Lagern erleichtern würden /17/. Darüber hinaus sind nicht benutzte Geräte eine denkbar schlechte Kapitalanlage. Berücksichtigt man dazu noch die geringe Nutzungsintensität, so ergibt sich daraus ein erhebliches Stau- und Lagerproblem, das die vorhandene Arbeitsfläche stark einengt. Diese Aussagen beziehen sich sowohl auf Großgeräte wie Analyseautomaten, als auch auf die im Labor in großer Vielfalt vorhandenen Meßgeräte, Pumpen, Rührer, Heizelemente oder Stellglieder.

Einzelproblemstellungen sind meist in einem Zusammenhang mit vielen anderen zu sehen. Dadurch wird eine umfassende Datenerfassung notwendig, die eine einfache Zusammenfassung der Daten aus unterschiedlichen Bereichen erlaubt. Eine weitgehende Standardisierung und Automatisierung kommt dieser Notwendigkeit entgegen und ermöglicht gleichzeitig weiterführende Funktionen der Fertigungsüberwachung und Fertigungssteuerung.

Die Laborgeräte gliedern sich bei dieser Betrachtungsweise entsprechend Bild 2.1. Diese Aufteilung berücksichtigt sowohl die Art der Geräte, als auch die funktionelle Zusammengehörigkeit bestimmter Gerätetypen. Unter dem Begriff Standardgeräte sind Komponenten zusammengefaßt, die im Labor zur Durchführung der Versuche für Meß- und Steuerungsaufgaben, für Analyseaufgaben und zur Erfassung und Verarbeitung der Labordaten in großer Vielfalt eingesetzt werden.

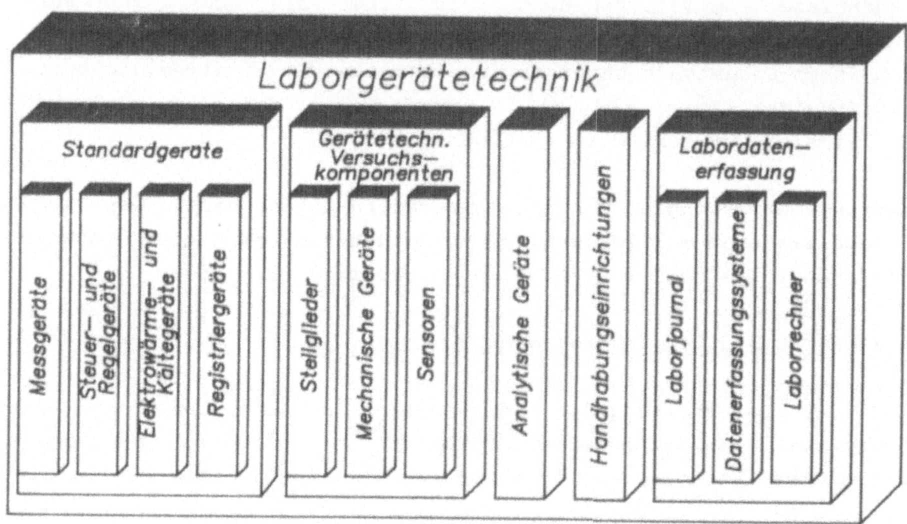

Bild 2.1: Gliederung der Laborgerätechnik

Gerätetechnische Versuchskomponenten sind hier die Geräte oder Komponenten, die direkt mit dem Versuchsmedium in Berührung kommen oder das Versuchsmedium mechanisch verändern. Handhabungsgeräte und Labordatenerfassung sind weitere funktionelle Einheiten, die zum einen im Labor noch nicht üblich sind und zum anderen als eine der Einzelgeräteebene übergeordneten Ebene zu betrachten sind. Diese Gruppe bildet das Potential für die wesentlichen Innovationen bei der Laborgerätetechnik, was jedoch eine weitgehende Intelligenz der peripheren Komponenten voraussetzt.

2.3.1 Standardgeräte u. gerätechnische Versuchskomponenten

Unter Standardgeräten sind jene Geräte zu verstehen, die die im Labor notwendigen Grundfunktionen als Einzelgerät erfüllen. Dabei können auch mehrere Grundfunktionen durch ein Gerät zu einer komplexeren Standardfunktion vereinigt werden.

Im chemisch-medizinischen Labor ist das Analysieren und das Gewinnen von Daten über die zu betrachtenden Stoffe das eigentliche Wesensmerkmal der Arbeitsinhalte. Deshalb herrschen auch in der Gerätevielfalt vor allem Meßgeräte vor. Darüber hinaus gewinnt das Sammeln und Verarbeiten von Daten sowie die Automatisierung der Versuchsabläufe zunehmend an Bedeutung.

- Meßgeräte:
Bei den Meßgeräten trifft man eine sehr große Vielfalt von Spezialgeräten an, welche zum jeweils durchzuführenden Versuch ausgewählt werden /24,25/. Dies resultiert hauptsächlich aus der weitgehenden Spezialisierung der Meßgeräte. Die Spezialisierung kann sich dabei auf bestimmte Meßverfahren oder Sensoren bzw. Sensorschnittstellen beziehen.

- Steuer- und Regelgeräte:
Durch die sich ständig ändernden Versuchsanordnungen werden Steuer- und Regelgeräte nur partiell eingesetzt. Diese Geräte sind entweder für spezielle Versuchsanordnungen ausgelegt oder durch Programmänderungen weitgehend frei an unterschiedliche Aufgabenstellungen anpaßbar /26,27/. Dadurch sind sie entweder in ihrer Anwendung stark eingeschränkt oder nur durch Programmänderung einer anderen Anwendung zuzuführen.

- Stellglieder:
Unter einem Stellglied wird eine Komponente verstanden, welche in der Versuchshierarchie zwischen dem Steuer- und Regelgerät und dem eigentlichen Versuch liegt. Es beeinflußt den Versuch direkt durch Zugabe von Medien, Energie oder durch Beeinflussen des Materialtransportes. Als Beispiel können hier elektrische Wärme- und Kältegeräte genannt werden. Andererseits fallen unter diese Komponenten auch vielfältige Dosiergeräte wie Pipetten und Tropfgeber, sowie Komponenten wie Ventile und Motoren /28,29/.

Aufgrund der Aufgabenvielfalt innerhalb der chemisch-medizinischen Laboratorien ist eine Standardisierung dieser Komponenten nicht vorhanden. Dagegen ist eine Standardisierung der Schnittstelle zwischen Stellglieder und der Einzelgeräteebene teilweise vorhanden. Sie bezieht sich im wesentlichen auf Signalpegel bzw. Art der Signalgeber.

- Sensoren:
Die Sensoren sind das Bindeglied zwischen den Versuchsmedien und der Meßgeräteebene. Meist wandeln sie die zu messende Größe in eine andere physikalische Größe um. Alle Meßaufgaben reduzieren sich letztendlich für die Meßgeräte auf eine Messung von Spannungen.

Die Vielfalt der Sensoren ist nahezu so groß wie die Anzahl der Meßprobleme, so daß eine Standardisierung praktisch ausgeschlossen ist. Dagegen ist eine Standardisierung der Schnittstelle zwischen Sensoren und den Meßgeräten ansatzweise vorhanden /30,31/. Dies bezieht sich im wesentlichen auf Pegelfestlegungen. Eine Standardisierung von Steckerformen ist nur in einem ganz beschränkten Umfang vorhanden.

2.3.2 Analytische Geräte

Hier handelt es sich um fertige, relativ hochspezialisierte und in sich abgeschlossene Verfahren. Aufgrund ihrer Struktur muß vom Bediener nur ein geringer Einfluß zur Versuchsdurchführung ausgeübt werden. Dies bezieht sich vor allem auf den Steuer- und Regelungsaufwand, zum Teil aber auch auf die Meßeinrichtungen /32/. Durch diese abgeschlossenen Problemlösungen sind viele Fehlerquellen ausgeschaltet.

2.3.3 Handhabungseinrichtungen

Handhabungseinrichtungen dienen dazu, manuelle Tätigkeiten für den Laboranten vorzunehmen. Die Gründe für den Einsatz von automatischen Handhabungseinrichtungen sind vor allem Routinetätigkeiten mit großen Wiederholungszyklen oder die Gefährdung des Laboranten.

Die in diesem Bereich eingesetzten Handhabungseinrichtungen besitzen eine eigene komplexe Steuerung. Über diese Steuerung ist es teilweise auch möglich, systemimmanente periphere Komponenten mit in den Ablauf einzubinden /33,34/. Die Programmierung erfolgt dabei meist durch eine gerätespezifische Programmiersprache.

2.3.4 Labordatenerfassung

Die Datenerfassung ist eine wesentliche Aufgabe innerhalb der Labors. Bei Geräten zur Labordatenerfassung schließt sich meist eine weitere Auswertung der aufgezeichneten Daten an /35/. Sie erfolgt sowohl manuell durch Eintragen in Listen als auch automatisch durch eine Datenkopplung zwischen Geräten und Hintergrundrechnern /36/. Diese Geräte zur Labordatenerfassung sind bezüglich ihrer Bedienung und Schnittstellen zu Fremdgeräten meist herstellerspezifisch.

2.3.5 Schnittstellen

Innerhalb einer Versuchsanordnung müssen nicht nur Einzelgeräte mit dem Versuch verbunden werden, sondern die Einzelgeräte müssen auch untereinander kommunizieren und vom Laboranten bedient werden können. Deshalb sind hier die Schnittstellen:

- o zum Versuch,
- o zwischen den Einzelgeräten,
- o vom Einzelgerätesystem zu übergeordneten Systemen und
- o vom Gerätesystem zu Bediener

zu betrachten. Für alle diese Schnittstellen gilt gemeinsam, daß sie sehr unterschiedlich gestaltet sein können. Deshalb wird bei der Kopplung häufig ein erheblicher Anpassungsaufwand notwendig.

<u>Schnittstellen zum Versuch</u>

Zur Verbindung der Einzelgeräte mit den Sensoren und Stellgliedern im Versuch sind einzelne Standards eingeführt. Diese beziehen sich im wesentlichen auf Pegelfestlegungen bzw. Signalarten sowie verschiedene Steckkontakte. Durch Kombination von unterschiedlichen Signalarten mit den unterschiedlichen Steckverbinderarten entsteht jedoch eine Schnittstellenvielfalt, die häufig ein Kombinieren von Gerät und Sensor bzw. Stellglied unmöglich macht. Diese Tatsache ist u. a. ein Grund für die große Gerätevielfalt und die geringe Geräteausnutzung im Labor.

Schnittstellen zwischen den Einzelgeräten

Hier sind vor allem die RS232C-Schnittstelle /37/, Centronics-Schnittstelle /38/ und der Bus nach IEEE 488 /39/ zu nennen. An dieser Stelle muß zwischen der logischen Schnittstelle und der Hardwareschnittstelle unterschieden werden. Zwar sind die Steckverbinder weitgehend standardisiert, so treten jedoch schon bei der Pinbelegung, vor allen bei der RS232C-Schnittstelle, so gravierende Variationen auf, daß eine Kopplung einen erheblichen Anpassungsaufwand notwendig machen kann /40/. Die logische Schnittstelle ist darüber hinaus weitgehend geräteabhängig, so daß eine Kopplung von Geräten nur im Ausnahmefall ohne Änderungs- und Anpassungsaufwand möglich ist.

Die Kopplung von Geräten über eine analoge Signalverbindung erfolgt im wesentlichen über Koaxialkabel mit BNC-Stecker oder über einfache Laborkabel mit sogenannten Bananensteckern. Diese Art Geräte miteinander zu verbinden stellt von der Kopplung her kein Problem dar. Innerhalb eines komplexen Versuchs entstehen dadurch so viele Verbindungen, daß die Übersichtlichkeit stark darunter leidet. Darüber hinaus besteht bei externen Geräteverbindungen die Gefahr der Störbeeinflussung und Verfälschung der Signale. Deshalb sollte eine Minimierung derartiger Verbindungen angestrebt werden.

Schnittstelle von Einzelgeräten zu übergeordneten Systemen

Als übergeordnete Systeme kommen hier sowohl der Laborrechner als auch eventuell vorhandene Hintergrundrechner in Betracht. Durch die große Vielfalt der digitalen Schnittstellen in der Einzelgeräteebene ist eine direkte Kopplung zu übergeordneten Systemen nur in begrenztem Umfang und mit erheblichem Aufwand möglich. Dies ist vor allem durch den geringen Standardisierungsgrad der digitalen Schnittstellen der Einzelgeräte begründet.

Schnittstelle vom Einzelgerät zum Bediener

Obwohl sich die Bedienfunktionen wie Einstellen eines Meßbereiches, Kalibrieren oder Anzeigen eines Meßwertes sich in vielen Geräten wiederholen, ist die Art der Bedienung sowie die Darstellung von Bedieninformationen sehr unterschiedlich. Dies bezieht sich sowohl auf die jeweilige Gerätefunktion als auch auf die Möglichkeit, Geräte miteinander zu verbinden und führt dazu, daß beim Austausch eines Gerätes bzw. beim Einsatz eines neuen Gerätes auf den Laboranten ein zum Teil erheblicher Einarbeitungsaufwand zukommt /41/.

2.3.6 Anordnung der Geräte

Im Labor sind häufig Meß- bzw. Steuergeräte direkt in den Versuch integriert. Dies bedeutet, daß z.B. die Verbindungskabel quer durch den Versuchsaufbau geführt werden müssen und eine Bedienung der Geräte nur durch Hineingreifen in den Versuchsaufbau erfolgen kann. Darüber hinaus sind Geräte dort meist einer erhöhten Gefährdung durch aggressive Medien oder durch einen nicht mehr kontrollierbaren Versuch ausgesetzt.

Durch das Fehlen einer geeigneten Rasterung der Einzelgerätemaße, aber auch durch das Fehlen geeigneter Vorrichtungen, ist die Integration der Geräte in die Laboreinrichtung stark erschwert. Dies bezieht sich auch auf das Verstauen nicht verwendeter Geräte. Das führt letztendlich dazu, daß die meisten Geräte auf dem Labortisch stehenbleiben und damit, auch ohne daß sie benützt werden, einer erhöhten Beschädigungsgefahr ausgesetzt sind. Darüber hinaus wird dadurch die zur Verfügung stehende Arbeitsfläche stark eingeschränkt.

3 Anforderungen an das Gesamtsystem

Aus den in Abschnitt 2 aufgezeigten theoretischen Grundlagen, dem dargestellten Stand der Gerätetechnik sowie aus der Analyse der Arbeitsinhalte läßt sich eine Funktionsaufteilung und eine Definition der Einzelfunktionen ableiten. Mit zusätzlichen Ergebnissen der Arbeitsanalyse lassen sich wesentliche Verkettungs- und Verknüpfungseigenschaften dieser Einzelfunktionen ableiten.

Aus der Funktionsaufteilung, der Funktionsverkettung und Verknüpfung, sowie aus der geforderten Variabilität leiten sich die notwendigen Bedienungskriterien und Systemeigenschaften ab. Die Bedienfunktionen wiederum gestalten in Verbindung mit den Arbeitsinhalten im wesentlichen die Anforderungen an Sicherheit und Zuverlässigkeit.

3.1 Systemeigenschaften

Als wesentlichste und weitreichendste Forderung an das Gesamtsystem ist die Forderung nach einer funktionellen und räumlichen Variabilität auch während des Betriebes zu nennen. Diese Forderung ergibt sich aus der Analyse der Arbeitsinhalte. Dort läßt sich ableiten, daß auch während eines Versuchs eine funktionale und räumliche Anpassung der Gerätetechnik notwendig ist. Eine analoge Forderung nach Variabilität ergibt sich aus dem Bedarf nach Automatisierungsmöglichkeiten, wenn von einer universell einsetzbaren Gerätetechnik ausgegangen wird.

Die Betrachtungen des Standes der Gerätetechnik ergeben, daß sowohl eine Datenerfassung im Sinne von Meßgeräten mit Registrieren der Meßwerte, als auch eine Datenerfassung für eine sich anschliesende Auswertung bzw. Datenverarbeitung in Laborrechnern oder ähnlichen Systemen notwendig ist. Daraus ergibt sich die Forderung nach einer größtmöglichen Transparenz der in dem Gerätesystem ermittelten Meß- und Stellgrößen, sowie eine Erfassung der Geräteeinstellung und Gerätekonfiguration. Für ein Gerätekonzept bedeutet dies, daß Geräteeinstellungen, Geräteverknüpfungen und die während eines Versuchs auftretenden Größen für eine Registrierung oder weiterführende Datenverarbeitung zur Verfügung stehen.

Durch die Forderung nach universeller Einsetzbarkeit bekommt die Bedienung und Handhabung der Geräte eine besondere Bedeutung. Ihre Gestaltung kann Einarbeitungs- und Umrüstzeiten maßgeblich beeinflussen. Dies trifft neben den Anzeigen- und Bedienelementen im besonderen Maße auf die Gestaltung funktioneller Bedienmöglichkeiten zu, die zur Geräteeinstellung und Gerätekopplung zur Verfügung stehen. Dabei ist vor allem die Qualifikation und Ausbildung der Benutzer zu berücksichtigen.

Die Anforderungen an die Größe der Einzelgeräte und der gesamten räumlichen Anordnung werden hauptsächlich durch die beengten räumlichen Verhältnisse im Labor geprägt. Hier ist eine Minimierung der Gerätegrößen notwendig, die bei der Realisierung sehr stark von den verwendeten Technologien abhängt.

In Bild 3.1 sind typische Optimierungskriterien für ein Laborgerätesystem dargestellt. Der Grad der Erfüllung dieser Forderungen hängt weitgehend von der konzeptionellen Gestaltung des Systems, aber auch vom Ausbau der einzelnen Funktionen ab.

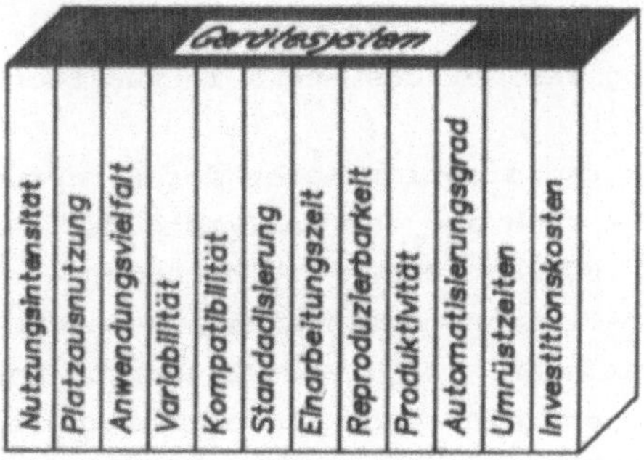

Bild 3.1: Optimierungskriterien für die Konzeption eines Laborgerätesystems aus der Sicht des Nutzers

3.2 Funktionsaufteilung

Aus den theoretischen Grundlagen, aus der Analyse der Arbeitsinhalte und aus den Betrachtungen bezüglich des Standes der Technik lassen sich die Gerätegruppen ableiten, die für die Durchführung der Versuche notwendig sind.

3.2.1 Aufteilung in Funktionsgruppen

Bei einer Modularisierung der im Labor benötigten gerätetechnischen Funktionen lassen sich unter der Voraussetzung der Realisierung in einem Gesamtkonzept sechs Funktionsgruppen entsprechend Bild 3.2 unterscheiden.

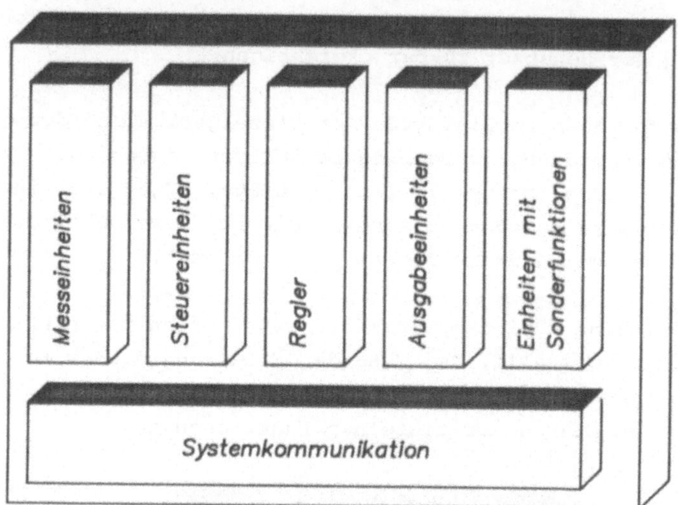

Bild 3.2: Aufteilung des Gerätesystems in Funktionsgruppen

Diese Gliederung berücksichtigt neben der Forderung nach elementaren Funktionen die sich aus der Analyse der Arbeitsinhalte und den theoretischen Betrachtungen ergibt auch, daß häufig vorkommende Problemstellungen durch eine angepasste Gerätetechnik bearbeitet werden können. In diese Gliederung lassen sich die benötigten Funktionen einordnen und sind entsprechend der Forderung an das Gesamtkonzept als Gerät zu realisieren. Eine große Vielfalt von Geräten tritt vor allem bei den Meßeinheiten und Ausgabeeinheiten auf.

Die Modulgruppe der Regler beinhaltet Geräte, die Elemantarfunktionen wie Abbildungsvorschriften oder Reglerfunktionen als Rechenleistung innerhalb der Kommunikationseinrichtung zur Verfügung stellen.

Über die Einheiten für Sonderfunktionen sollen komplexe Anlagen oder Geräte mit in das System eingebunden werden können. Dabei ist neben Analyseautomaten auch an Handhabungssysteme oder Transporteinrichtungen zu denken. Diese Gerätegruppe ist aufgrund der innerhalb der Geräte möglichen hohen Echtzeitanforderungen, aber auch wegen der Häufigkeit der benötigten komplexen Funktionen sinnvoll und notwendig. Im Hinblick auf einen möglichst großen Freiheitsgrad bei der Konfigurierung durch den Benutzer sollen aber keine Multifunktionsmodule angestrebt werden.

Die oben angesprochenen Systemkommunikation ist die gerätetechnische Basis, um die Kommunikation zwischen den Einzelgeräten zu ermöglichen und einen zuverlässigen Betrieb sicherzustellen.

3.2.2 Architektur der Funktionsaufteilung

Bei einem Gerätesystem sind Geräte- bzw. Systemfunktionen zu unterscheiden. Für beide gilt aus Gründen der Verfügbarkeit, daß eine weitgehende Dezentralisierung angestrebt werden sollte. Dies kommt auch der Forderung nach räumlicher und funktionaler Variabilität entgegen. Diese dezentralen Funktionen sollen für übergeordnete Komponenten wie Laborrechner transparent sein.

Darüber hinaus sollten vor allem die Bedienfunktionen an solchen übergeordneten Komponenten und an jedem Gerät innerhalb einer Gerätekonfiguration zur Verfügung stehen. Dies entspricht der Forderung nach Transparenz der Einzelgeräte bzw. der syteminternen Werte und ermöglicht weiterführende Automatisierungsfunktionen.

Für eine möglichst große Variabilität bezüglich der Anwendung sollten die Einzelgeräte elementare Funktionen erfüllen können. Durch Kombination dieser Einzelfunktionen sind dann komplexe Funktionen realisierbar, die bis zu einer kompletten Versuchssteuerung und Regelung führen können.

Durch die Anwendungsvielfalt bestimmter Kombinationen derartiger Elementarfunktionen, sowie durch die geforderten, zum Teil sehr hohen Echtzeiteigenschaften sind auch Geräte mit mehreren Elementarfunktionen sinnvoll und notwendig. Ebenso sind Schnittstellen zu einer komplexen gerätetechnischen Peripherie notwendig.

3.3 Definition der Gerätefunktionen

Die Beschreibung und Definition der Gerätefunktionen ist entsprechend den Gerätetypen in Punkt 3.2.1 gegliedert. Dabei ist jedoch zu beachten, daß die Kommunikation bei dieser Betrachtungsweise keine Gerätefunktion, sondern eine Systemfunktion darstellt. Die Bedienung wird gesondert betrachtet.

3.3.1 Meßgeräte

Um eine Langzeitdrift bei der Genauigkeit der Meßgeräte weitgehend zu unterbinden und den Aufwand von Justier- bzw. Kalibrierarbeiten zu minimieren, soll die Meßwertverarbeitung weitgehend digital erfolgen. Durch die Realisierung mit einem Rechner werden auch softwaremäßig Unterscheidungen von Sensoren möglich. Diese Möglichkeit kann z.B. für unterschiedliche Linearisierungen einzelner Sensoren genutzt werden.

Aus den theoretichen Betrachtungen und aus dem Stand der Technik leitet sich ab, daß bei temperaturkritischen Meßaufgaben eine Kompensation der Temperaturabhängigkeit der Messung durch das Anschließen eines Temperatursensors und durch eine manuelle Einstellung der Versuchstemperatur möglich sein muß. Um Zerstörungen weitgehend zu verhindern, müssen die Eingänge eine Überlastsicherung enthalten. Für komplexe Meßaufgaben sollen die Eingänge schwebend aufgebaut und mit externer Ground-Möglichkeit versehen sein. Als Schnittstelle zu den Sensoren sollen möglichst standardisierte aktive und passive Eingänge verwendet werden.

Als Gerätefunktion oder Geräte sind hier vor allem zu nennen:

- o Temperaturmessung
- o Druckmessung (temperaturkritisch)
- o pH-Messung (temperaturkritisch)
- o O_2-Bestimmung (temperaturkritisch)
- o Leitfähigkeitsmessung (temperaturkritisch)
- o Fotometer
- o elektrisches Multimeter

Meßgeräte, die auf einen Sensor kalibriert werden müssen, sollen erst dann die eigentliche Meßfunktion erfüllen, wenn sie nach Inbetriebnahme die entsprechende Kalibrierung durchlaufen haben. Diese Kalibrierung kann auch durch manuelle Eingabe der Werte erfolgen.

Diese hier angesprochenen Gerätefunktionen sind im Labor in sehr unterschiedlicher Form und mit unterschiedlichen Genauigkeiten notwendig. Für das Gerätesystem bedeutet dies eine konzeptionelle Orientierung an den höchsten Anforderungen.

3.3.2 Steuereinheiten

Die hier angesprochenen Module sind nicht mit regelungstechnischen Komponenten zu verwechseln. Hier sind vor allem jene Funktionen angesprochen, die es ermöglichen, wert- und zeitabhängig in den Versuch einzugreifen. Eine solche zeitabhängige Beeinflussung kann auch von einem Wert innerhalb des Gerätesystems abhängig sein. Durch diese letztgenannte Möglichkeit wird auch erreicht, daß durch eine Werteüberwachung in Form von Triggerbedingungen z.B. eine Notausfunktion ausgelöst werden kann.

Diese Möglichkeit, Werte in Relativzeit, Absolutzeit und ereignisabhängig innerhalb des Systems zu verteilen, stellt eine übergeordnete und übergreifende Funktion dar. Sie muß deshalb entsprechend in die Organisationsstruktur eingebunden werden.

3.3.3 Regler

Die Modulgruppe "Regler" stellt als Gerätefunktion Rechenleistung zur Verfügung. Diese Rechenleistung kann sowohl als einfacher Dreipunktregler bzw. Grenzwertgeber als auch als adaptiver PID-Regler ausgeführt sein. Darüber hinaus sind hier beliebige Abbildungsvorschriften zwischen Ein- und Ausgangssignalen denkbar.

Durch eine Adaption der Regler- bzw. Abbildungsfunktionen an die Strecke soll eine weitgehende Minimierung der Bedienfunktionen an dieser Modulgruppe erreicht werden.

3.3.4 Ausgabeeinheiten

Um eine Langzeitdrift bei der Genauigkeit der Ausgabegeräte weitgehend zu unterbinden und den Aufwand von Justier- bzw. Kalibrierarbeiten zu minimieren, soll die Signalaufarbeitung für die Ausgabe weitgehend digital erfolgen. Dadurch werden auch softwaremäßige Adaptionen an unterschiedliche Kennlinien von Stellgliedern möglich.

Als einfachste Komponente ist hier eine Leiste mit ansteuerbaren Steckdosen zu nennen. Die Ansteuerung sollte dabei sowohl digital als auch als analoge Leistungssteuerung erfolgen können. Dadurch soll erreicht werden, daß herkömmliche Geräte weiter verwendet werden können.

Auf einen anderen Anwendungsbereich zielen die sogenannten Stellgrößenausgaben. Über diese Geräte können analoge oder digitale Signale ausgegeben werden. Die digitalen Signale besitzen gängige Spannungswerte wie 12 V, 24 V und 48 V. Die analogen Signale sind in ihrer Spannungs- bzw. Strombegrenzung ansteuerbare Stromversorgungen. Für die sehr unterschiedlichen Anwendungsbereiche sind hier auch sehr verschiedene Spannungen bzw. Ströme notwendig. Gegebenenfalls müssen hier die Leistungsteile der Geräte aus dem eigentlichen Gerätemodul ausgelagert werden. Dies kann auch z. B. bei Hochspannung aus Sicherheitsgründen notwendig werden.

Meßsignalausgaben sind Gerätemodule, die die standardisierten Meßsignalausgaben 0 bis 1 V, 0 bis 20 V, 0 bis 20 mA und 4 bis 20 mA besitzen. Diese Geräte ermöglichen die Anbindung externer Registrier- und Aufzeichengeräte und bilden auch eine analoge Schnittstelle zu externer Gerätetechnik.

Schnittstellengeräte besitzen Standardschnittstellen nach z.B. RS 232C /37/ und IEEE 488 /39/ zur Kommunikation mit externer Gerätetechnik. Da hier die logische Schnittstelle nicht standardisiert werden kann, sind diese Geräte durch die entsprechende Treibersoftware anwenderspezifisch.

Für systeminterne Registrierung und Ausgabe von Meßwerten sind Geräte mit integrierten Schreibern bzw. anderer graphischer Darstellung von Meßwerten sinnvoll. Diese Art der Geräte kann durchaus die analoge Meßsignalausgaben überflüssig machen.

3.3.5 Einheiten mit Sonderfunktionen

Der hier angesprochene Typ von Gerätemodul beinhaltet alle Geräte, die nicht nur eine Elementarfunktion beinhalten. Als erstes soll hier das Multifunktionsgerät genannt werden. Dieser Gerätetyp beinhaltet eine Vielzahl gleicher Elementarfunktionen. Hier sind besonders zu nennen das Multithermometer, die Mehrfachspannungsquelle oder vielfach Digitalein- und -ausgaben, deren Bedarf sich aus den Arbeitsinhalten und dem Stand der Technik ableitet.

Im Labor treten bestimmte Kombinationen von Elementarfunktionen für spezielle Anwendungen besonders häufig auf. Aus diesem Grunde ist es sinnvoll Geräte mit vorzusehen, die diese Kombinationen beinhalten. Sie weisen starke Parallelen zu den Analytischen Geräten auf. Besonders zu nennen sind hier die pH-Staten, die Temperaturregelung und die Klimatisierung. Diese Problemlösungen setzen aber auch voraus, daß geeignete externe Versuchskomponenten vorhanden sind.

Darüber hinaus ist es notwendig, komplexe Geräte mit in das System einbinden zu können. Besonders zu nennen sind hier Handhabungssysteme oder z.B. Fraktionssammler. Diese Geräte besitzen zum großen Teil eigene Steuereinheiten und zusätzliche mechanische Komponenten. Dadurch reduziert sich die Anforderung an das Gerätemodul dahingehend, daß dieses die Steuerfunktionen der externen Geräte für das Laborgerätesystem transparent macht.

3.4 Funktionsverkettung und -verknüpfung

Die Funktionsverkettung und -verknüpfung wird sehr stark durch die Variabilitätsforderungen entsprechend 3.1 geprägt. Sie resultiert in einer weitgehend freien Verkettungsmöglichkeit einzelner Gerätefunktionen, die im wesentlichen nur durch Bedienfunktionen und Kriterien zur Erhöhung der Zuverlässigkeit eingeschränkt wird.

3.4.1 Abgrenzung von Gerätegruppen

Da in einzelnen Labors mehrere Personen mit unterschiedlichen Aufgabengebieten tätig sind, ist eine gegenseitige Abgrenzung der von unterschiedlichen Personen benützten Geräte notwendig. Diese Abgrenzung verhindert eine unbeabsichtigte Beeinflussung unterschiedlicher Gerätegruppen und ist besonders dann notwendig, wenn die Systemgrenzen über ein einzelnes Labor hinausgehen. Daraus resultiert, daß Gerätegruppen bezüglich ihrer Zusammengehörigkeit bzw. bezüglich ihrer Benutzer unterschieden werden müssen.

3.4.2 Verknüpfung der Geräte

Die Verknüpfung der Geräte und der notwendige Datenaustausch soll ausschließlich durch eine systeminterne Kommunikationseinrichtung erfolgen. Die Kopplungmöglichkeit der Geräte darf dabei nicht ortsabhängig sein. Darüber hinaus müssen alle Kommunikationspartner eines Gerätes über Betriebszustandsänderungen bzw. Änderungen der Geräteeinstellung informiert werden. Dadurch wird eine Anpassung der Kommunikationspartner an die geänderten Zustände ermöglicht.

Beim Entfernen eines Gerätes aus der Kommunikationseinrichtung soll der Gerätezustand sowie die vorherige Kommunikationseinstellung im Gerät gespeichert bleiben. Wird das Gerät danach an einer anderen Stelle wieder in die Kommunikationseinrichtung eingebracht, so wird diese vorherige Geräteeinstellung als Startkonfiguration angeboten. Dadurch wird ein Ortswechsel eines Gerätes problemlos möglich.

3.5 Variabilität

Die Anforderungen an die Variabilität wie sie in 3.1 abgeleitet wurde, läßt sich entsprechend Bild 3.3 gliedern und ist sehr unterschiedlich. Speziell die Anforderungen an die Variabilität der Systemgrenzen muß besonders betrachtet werden.

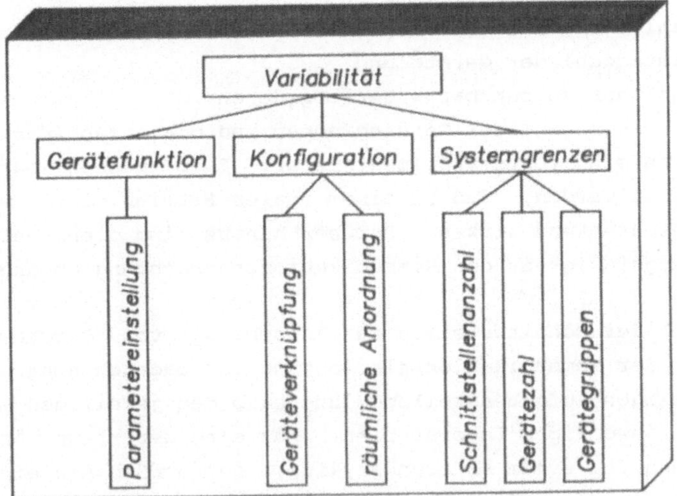

Bild 3.3: Gliederung der Variabilitätsforderungen

3.5.1 Geräteeinstellung

Die Geräteeinstellung muß während des Betriebes jederzeit verändert werden können. Dies resultiert aus der Arbeitsweise im Labor. Dabei ist für das Gerätesystem wichtig, daß die beteiligten Kommunikationspartner von einer relevanten Änderung informiert werden.

3.5.2 Konfigurierung

Eine Änderung der Konfigurierung einzelner Geräte muß jederzeit möglich sein. Dabei ist wichtig, daß nicht betroffene Geräte von einer derartigen Änderung der Konfigurierung nicht beeinflußt werden. Konfigurierung bedeutet dabei das Herstellen bzw. Ändern von Kommunikationsverbindungen. Darüber hinaus muß eine Konfigurierung unabhängig vom Ort der Einbringung in die Kommunikationseinrichtung sein. Dies resultiert letztendlich in der Forderung nach einer freien Adressvergabe für alle im System vorhandenen Geräte.

3.5.3 Systemgrenzen

Als Systemgrenzen sind im wesentlichen die

o Anzahl der Schnittstellen in der Kommunikationseinrichtung,
o Gesamtanzahl der Geräte und
o Anzahl der abgrenzbaren Gerätegruppen

zu nennen. Die Anzahl der Gerätegruppen und die Anzahl der zulässigen Geräte sind feste Systemparameter. Diese müssen jedoch so hoch gewählt werden, daß in einem realen Betrieb diese Grenzen nicht einschränkend wirken. Darüber hinaus sind diese Werte von der Leistungsfähigkeit der Kommunikationseinrichtung abhängig.

Die Anzahl der Schnittstellen zur Ankopplung von Gerätemodulen innerhalb der Kommunikationseinrichtung ist dagegen abhängig von der jeweiligen Aufgabenstellung innerhalb des jeweiligen Labors bzw. der jeweiligen Laboratorien. Für eine derartige Änderung kann jedoch von einem Änderungszyklus, der größer als ein Jahr ist, ausgegangen werden. Dies bedeutet aber auch, daß dann ein Abschalten des Gesamtsystems zugemutet werden kann.

Die Erweiterung der Kommunikationseinrichtung muß in Anpassung an die Laboreinrichtung in Segmenten erfolgen. Durch Aneinanderreihen solcher Segmente ist dann eine Anpassung der Kommunikationseinrichtung an den jeweiligen Bedarf möglich.

3.6 Bedienfunktionen

Die hier zu betrachtenden Bedienfunktionen beziehen sich auf

o Handhabung der Geräte,
o Gerätebedienung und
o Verknüpfungsaufbau.

Durch die Festlegungen in 3.5.3 sind die Systemgrenzen als Realisierungs- oder Insallationsparameter zu betrachten.

3.6.1 Handhabung der Geräte

Die Handhabung der Geräte bezieht sich sowohl auf das Einbringen der Geräte in die Kommunikationseinrichtung als auch auf die Möglichkeit, nicht benötigte Geräte einfach stauen zu können.

Zur Einbringung der Geräte in die Kommunikationseinrichtung müssen sowohl Baugröße und Gewicht der Geräte als auch die Befestigung innerhalb der Kommunikationseinrichtung berücksichtigt werden. Da Gewicht und Baugröße sehr stark von der verwendeten Technologie bei der Realisierung der Geräte abhängen, kann hier die Forderung nach geringem Gewicht sowie geringem Gerätevolumen nur so gestellt werden, daß eine Person ein Gerät einfach bis in Kopfhöhe hochheben kann /46/.

Die Befestigung der Geräte in der Kommunikationseinrichtung muß so gewählt werden, daß auch beim Bedienen bzw. Verbinden mit Sensoren oder Aktuatoren keine Störung bei der Verbindung zur Kommunikationseinrichtung auftreten kann. Dies erfordert eine Arretierung, die zum Entfernen oder Aufbringen eines Moduls leicht lösbar sein muß.

3.6.2 Gerätebedienung

Aufgrund der Vielfalt der einzelnen Geräte bzw. Funktionen ist eine inhaltliche Standardisierung der Bedienparameter nicht möglich. Durch eine Standardisierung von Bedienfunktionen und Bedienelementen ist in Verbindung mit einer Bedienerführung jedoch eine Standardisierung der Bedienstruktur realisierbar /48/. Durch eine weitgehende Bedienerführung soll die Anzahl der Bedientasten minimiert werden. Dies erfordert jedoch gleichzeitig eine entsprechende komplexe Anzeige, die eine Darstellung der Bedieninformationen ermöglicht.

3.6.3 Verknüpfungsaufbau

Der Aufbau der Kommunikation zwischen einzelnen Geräten muß ebenfalls in einer standardisierten Weise erfolgen. Dabei muß der Bediener weiterführende Informationen über die entsprechenden Kommunikationspartner erhalten. Durch die Einstellung der Kommunikationsparameter an einem Gerät erfolgt gleichzeitig die Einstellung bei allen beteiligten Kommunikationspartnern.

3.6.4 Fernparametrierung

Bei komplexen Konfigurationen von Einzelgeräten ist es nicht mehr sinnvoll, die Geräteverknüpfungen dezentral an den einzelnen Geräten einzugeben. Deshalb müssen sich die Geräteeinstellung als auch die Kommunikationsparameter über die Kommunikationseinrichtung einstellen lassen. Dies kann sowohl von einem ausgewählten Gerät als auch von einem übergeordneten Laborrechner aus erfolgen und entspricht den Forderungen, die in 3.1 abgeleitet wurden.

3.7 Sicherheit und Zuverlässigkeit

Da im allgemeinen mehrere Personen Geräte am System betreiben, müssen solche benutzerspezifischen Gerätegruppen voneinander abgrenzbar sein. Diese Abgrenzung muß in der Weise erfolgen, daß eine gegenseitige Beeinflussung zwischen diesen Gerätegruppen nicht möglich wird.

Störungen innerhalb der Kommunikationseinrichtung und eventuelle Fehlbedienung müssen erkannt und weitgehend behoben werden können. Letztendlich führt dies dazu, daß auch zentrale Komponenten, die z.B. die Kommunikation zwischen den Geräten ermöglichen, in wesentlichen Funktionen redundant ausgeführt sein müssen. Hauptziel ist dabei, eine bestehende Konfiguration und Verknüpfung von Geräten funktionsfähig zu erhalten. Eine Aufrechterhaltung der Variabilität der Konfigurierung ist bei komplexen Störungen nicht notwendig. Diese Einschränkung ist unter Vorraussetzung einer entsprechenden Verfügbarkeit der Systemfunktionen möglich.

Obige Forderungen sind letztendlich nur in komplexen Überwachungs- und Fehlerbehebungsroutinen realisierbar und sind in ihrem Ausbau von wirtschaftlichen Kriterien abhängig.

4 Konzeption des Laborgerätesystems

Aus den theoretischen Grundlagen, dem Anwendungsbereich sowie der Analyse der Arbeitsinhalte und dem Stand der Gerätetechnik lassen sich Gerätefunktionen ableiten, die eine Modularisierung für ein Laborgerätesystem zulassen. Diese Modularisierung muß jedoch eingebettet sein in eine geeignete Organisationsstruktur sowie in die entsprechende Architektur des Gesamtgerätesystems. Die Basis wird durch die Systemfunktionen gebildet, welche die ausgewählte Organisationsstruktur ermöglichen und die Architektur des Systems ausnützen, um weiterführende Funktionen wie Maßnahmen zur Erhöhung der Verfügbarkeit und zur Fehlerbehebung zu ermöglichen. Siehe dazu Bild 4.1.

Ergänzend zu den Anforderungen in Abschnitt 3 wurden die weiteren konzeptionellen Forderungen:

- o geringe Grundinvestitionen bei der Systembeschaffung,
- o Minimierung der zentralen Funktionen und
- o Weiterführung des Gedankens der Modularität auch innerhalb der Gerätemodule

festgelegt.

Diese Forderungen resultieren zum Einen aus Betrachtungen zur Verfügbarkeit entsprechend 3.7, zum Andern aus Markt- und Kostenbetrachtungen. Durch diese Forderungen soll erreicht werden, daß sich die Kosten für die Beschaffung eines Systems im wesentlichen durch Art und Anzahl der verwendeten Geräte bestimmen. Dies bedeutet letztendlich, daß die Kommunikationseinrichtung im Aufwand minimal gehalten werden und schrittweise erweiterbar sein muß. Mit der Minimierung der zentralen Funktionen soll erreicht werden, daß Fehler wie Ausfälle von Geräten oder Störungen möglichst nur in einem begrenzten Systembereich Auswirkungen haben. Dies bedeutet, daß dort, wo zentrale Funktionen notwendig sind, eine Redundanz der für den momentanen Betrieb notwendigen Funktionen vorgesehen werden muß.

Der Grundgedanke der universellen Einsetzbarkeit einzelner Komponenten ist auch anwendbar auf die Baugruppen innerhalb der Gerätemodule. Dadurch wird erreicht, daß bei einer Fertigung des Systems wesentliche Komponenten in entsprechend hohen Stückzahlen

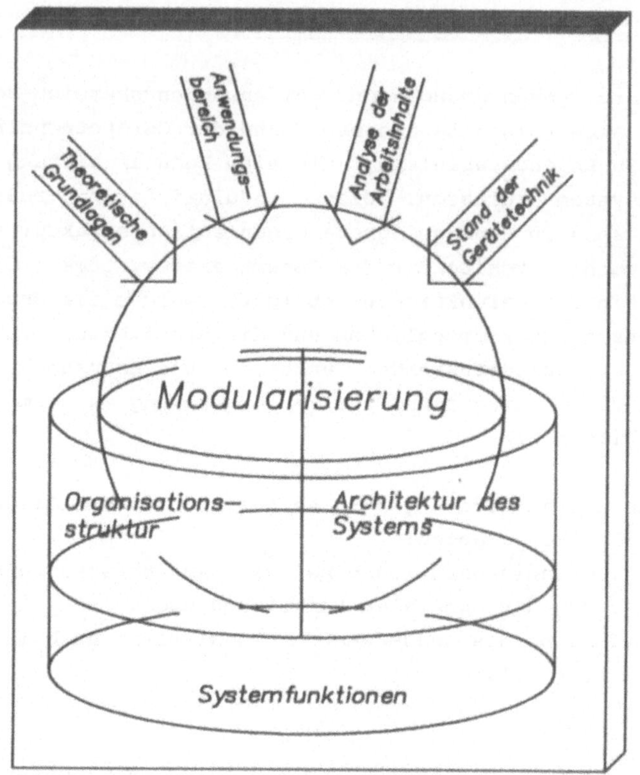

Bild 4.1: Gestaltungseinflüsse für ein modulares Gerätesystem

benötigt werden. Dies führt letztendlich zu einer kostengünstigen Fertigung /49/.

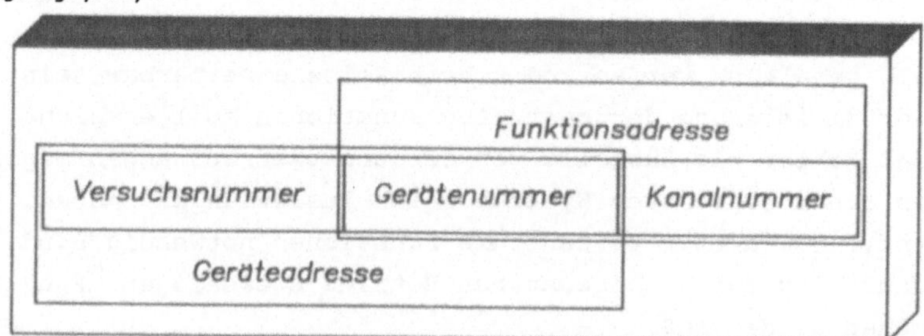

Bild 4.2: Definition der Adressierungsbegriffe

Zur Unterscheidung einzelner Einheiten oder Funktionen werden Begriffe entsprechend Bild 4.2 eingeführt. Die Versuchsnummer grenzt Gerätegruppen entsprechend 3.4.1 ab. Eine Gerätekopplung ist nur innerhalb einer Versuchsnummer möglich. Die beiden Begriffe Versuchsnummer und Gerätenummer stellen die Geräteadresse dar. Diese Adresse wird zur Organisation des Datenstroms verwendet.

Die beiden Begriffe Geräteadresse und Kanalnummer werden zu dem Begriff Funktionsadresse zusammengefaßt. Der funktionelle Datenaustausch innerhalb einer Versuchsnummer erfolgt immer zwischen den Funktionsadressen. Ein Datenaustausch über die Funktionsadressen hinaus ist nicht möglich.

4.1 Organisationsstruktur

Die bereits in 3.4.1 erhobenen Forderungen nach Abgrenzung von Gerätegruppen resultiert letztendlich in der Forderung nach einer Organisation in Baumstruktur. Im Bild 4.3 ist als oberste Ebene der Laborrechner genannt. Diese Komponente zählt eigentlich nicht mehr zum Laborgerätesystem, er ist aber zur Verdeutlichung der gesamten Systemstruktur dargestellt.

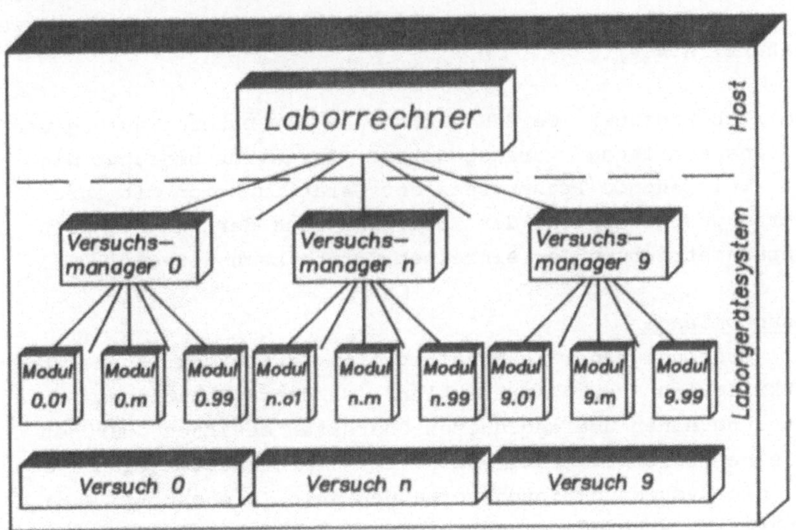

Bild 4.3: Organisationsstruktur des Laborgerätesystems

Die Versuchsmanager kontrollieren jeweils eine Gerätegruppe, wie sie in 3.4.1 definiert wurden. Eine Begrenzung auf 10 Gerätegruppen ist für die Anwendung in chemisch-medizinischen Laboratorien keine wesentliche Begrenzung, da diese Gruppen nicht die wirkliche Anzahl der Versuche, sondern die Anzahl gegenseitig unabhängiger Gerätegruppen definiert.

In der untersten Ebene der Organisationsstruktur sind die einzelnen Gerätemodule angeordnet. Pro Versuchsmanager sind 99 Gerätemodule zugelassen. Diese Zahl stellt ebenfalls für das chemisch-medizinische Labor keine wesentliche Einschränkung dar.

4.1.1 Funktionszuordnung

Über die Gerätefunktionen hinaus, die in Punkt 3.3 definiert wurden, müssen den Komponenten der Organisationsstruktur Systemfunktionen zugeordnet werden. Diese Systemfunktionen werden später im Punkt 4.3 näher erläutert.

Laborrechner

Um die Kompatibilität zu übergeordneten Systemen strukturell und funktionell innerhalb des Laborgerätesystems zu ermöglichen, muß die dort vorausgesetzte Funktionalität mit betrachtet werden (siehe Bild 4.4).

Beim Laborrechner werden Funktionen zur Datenerfassung und zur Versuchsgestaltung vorausgesetzt. Insgesamt bedeutet dies eine sehr weitgehende Transparenz der Gerätefunktion mit ihren Parametern und entspricht der Forderung nach der Möglichkeit einer Fernparametrierung der einzelnen Geräte nach 3.6.4.

Versuchsmanager

Der Versuchsmanager beinhaltet die Gerätefunktionen Trigger, Zeitkriterien sowie Wertezyklen, da diese Funktionen in dieser Anwendung einen übergeordneten Charakter besitzen. Darüber hinaus muß eine Bedienerführung sowohl für die Gerätefunktionen als auch für die Systemfunktionen vorhanden sein (siehe Bild 4.5). Dies beinhaltet auch die schon in Punkt 3.6.4 geforderte Fernparametrierung.

Die Systemfunktionen beziehen sich im wesentlichen auf die dem Versuchsmanager zugeordnete Gerätegruppe. Im einzelnen sind hier die Möglichkeit der Konfigurationsänderung, die Kommunikation mit

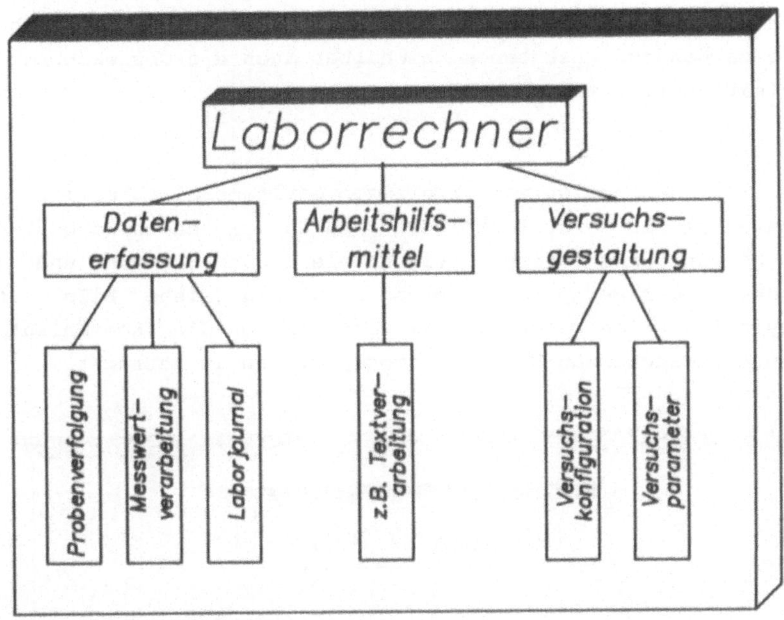

Bild 4.4: Funktionszuordnung für Laborrechner

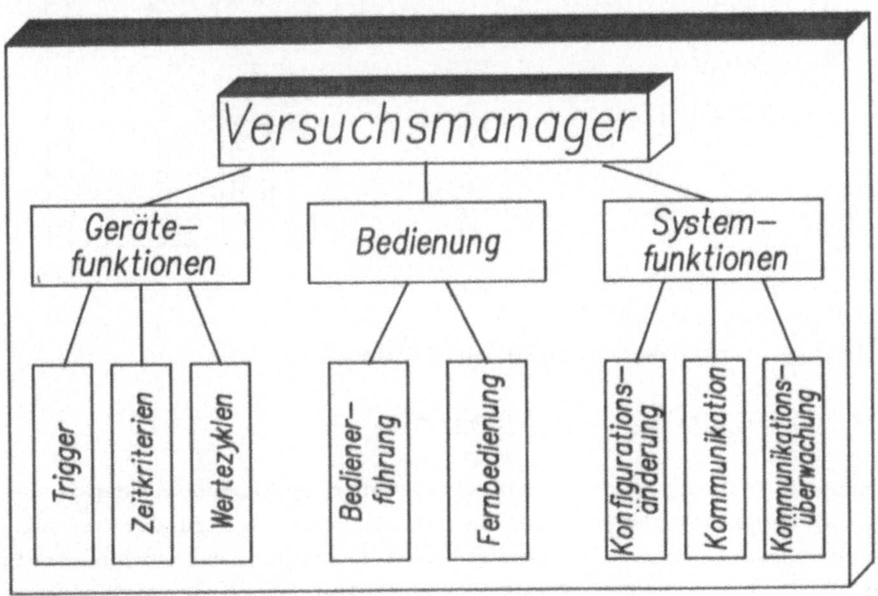

Bild 4.5: Funktionszuordnung für Versuchsmanager

Geräten der zugehörigen Modulgruppe sowie die Kommunikationsüberwachung zu nennen. Letzteres beinhaltet auch die Überwachung der Kommunikation im Gesamtsystem.

Gerätemodul

Die Gerätefunktion ist vom jeweiligen Gerätemodul abhängig. Die Möglichkeiten der Gerätefunktionen sind in 3.3 beschrieben. Darüber hinaus sind Bedienfunktionen wie Bedienerführung und die Möglichkeit der Fernparametrierung notwendig (siehe Bild 4.6). Als Systemfunktion kommt hier im wesentlichen die Kommunikation mit den entsprechenden Kommunikationspartnern in Betracht.

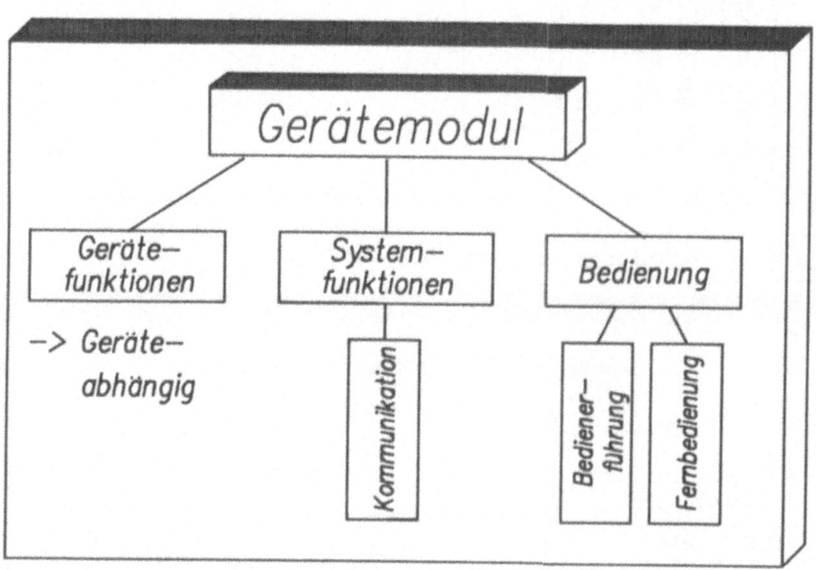

Bild 4.6: Funktionszuordnung für Gerätemodul

4.2 Architektur des Gerätesystems

Generell ist die Architektur eines Gerätesystems unabhängig von seiner Organisationsstruktur zu betrachten. Aufgrund der Variabilitätsforderungen, die in Punkt 3.5 abgeleitet wurden sowie aufgrund der konzeptionellen Grundgedanken ist eine Realisierung der Systemstruktur nur als Bus-System sinnvoll. In Bild 4.7 ist das Gerätesystem mit seiner Zuordnung zu der Organisationsstruktur als dezentralisiertes Gerätesystem dargestellt. Entsprechend den Variabilitätsforderungen in 3.5 gibt es bezüglich der Ankopplung der einzelnen Geräte keine räumlichen Reihenfolgen bzw. Zuordnungen.

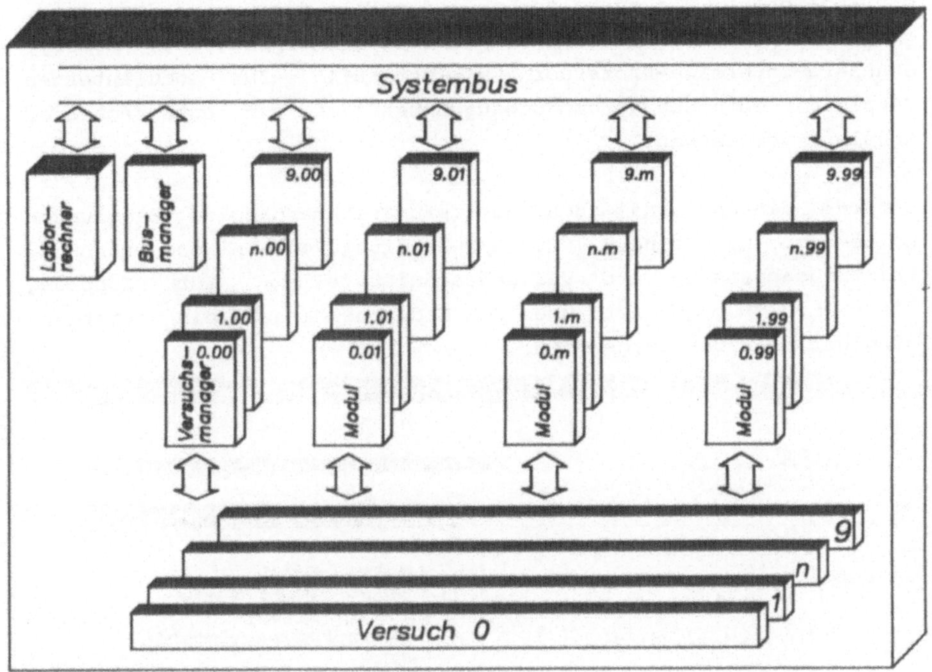

Bild 4.7: Gliederung des modularen Laborgerätesystems

Als einzige Komponente, die aber nicht als Gerätemodul betrachtet werden kann, besitzt der Busmanager eine feste räumliche Anordnung am Bussystem. Darüber hinaus ist er auch die einzige gerätetechnische Komponente, die als zentrale Funktion betrachtet werden kann.

Der Laborrechner ist hier als normaler Busteilnehmer dargestellt. Aufgrund seiner übergeordneten Funktion kann er einen versuchsübergreifenden Datenaustausch vornehmen.

4.2.1 Systemaufbau

Der Systemaufbau ist eine Weiterführung der gesamten Systematik in die Modul- bzw. Geräteebene. Dementsprechend gilt für alle Busteilnehmer der gleiche strukturelle Aufbau.

Wie in Bild 4.8 dargestellt, sind alle Module an den Systembus mit angebunden. Sie enthalten in jedem Fall die Standardmodulbaugruppen wie Anzeige, Tastatur, Standardmodulprozessor, Memory, Standard-Interface-Prozessor und Netzteil. Zur modulinternen Kopplung der Standardmodulbaugruppen ist ein entsprechender Modulbus vorgesehen.

Darüber hinaus sind auch gerätefunktionsabhängige Baugruppen notwendig. Dies sind z. B. A/D-Wandlung, galvanische Trennung, Leistungsanpassung und Versuchsschnittstellen. Zur Kopplung dieser Baugruppen ist über den Modulbus hinaus ein geräteabhängiger Hilfsbus vorgesehen.

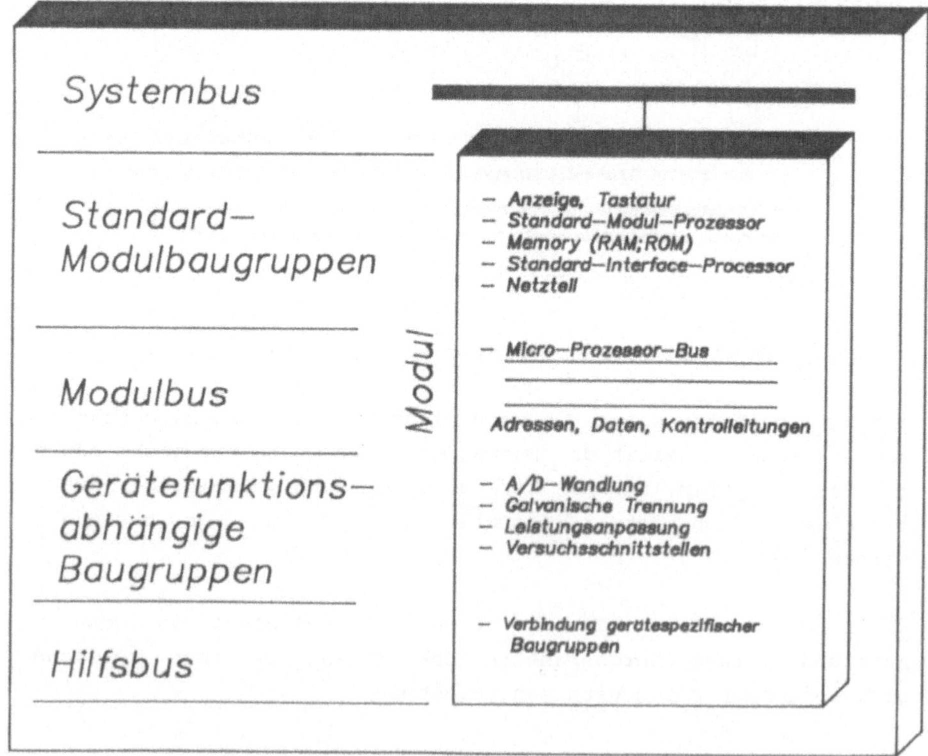

Bild 4.8: Aufbau der Module innerhalb des Laborgerätesystems

4.2.2 Kommunikationseinrichtung

Die gesamte Kommunikationseinrichtung besteht aus Busmanager, Bussegmente und Buskoppler (Bild 4.9). Der Busmanager ist dabei die einzige zentrale Komponente zur Sicherstellung und Überwachung der gesamten Systemkommunikation. Teilfunktionen dieser Busüberwachung finden sich auch in den einzelnen Gerätemodulen bzw. Versuchsmanagern.

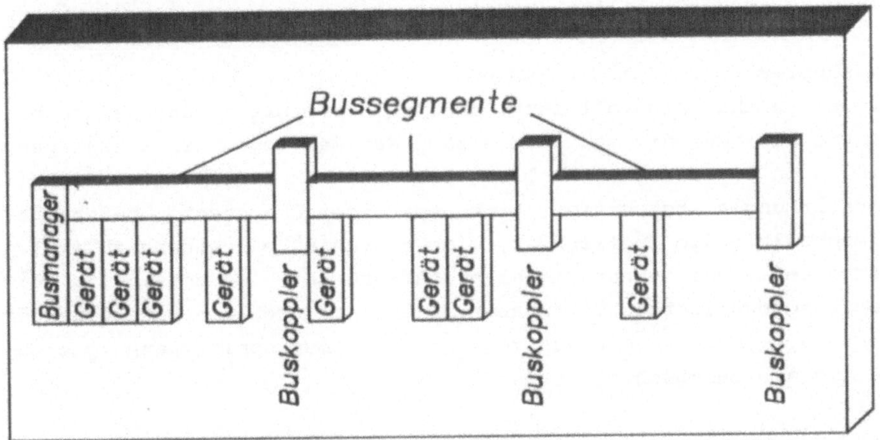

Bild 4.9: Modularisierung des Systembusses

Busmanager

Der Busmanager entspricht einem Gerätemodul ohne Gerätefunktion. Er ist deshalb an der Kommunikation in der Geräteebene nicht beteiligt.

Die Funktionalität dieses Moduls liegt vor allem in der Überwachung und Sicherstellung der Kommunikation bzw. Buszuordnung aber auch in Möglichkeiten zur Detektion von Fehlern bzw. zur Fehlerbehebung. Diese Funktionen sind teilweise redundant aufgebaut. Dies bedeutet, daß ein Ausfall des Busmanagers für die wesentlichen Funktionen des Gerätesystems toleriert werden kann. Die dafür benötigten Funktionen sind vor allem bei den Versuchsmanagern vorhanden.

Systembus

Der Systembus beinhaltet sowohl die Versorgung mit Netzspannung als auch die Leitungen zur Datenkommunikation. Zur Integration in die Laboreinrichtung ist der Systembus in Segmente aufgeteilt, deren Länge den im Labor auftretenden Rastermaßen (60, 90, 120cm) entspricht.

Aufgrund der Umweltbelastung durch aggressive Medien sind nicht benützte Stecker abgedeckt. Da das Gehäuse des Systembusses zugleich Aufhängung für die einzelnen Gerätemodule ist, muß eine genügend große Stabilität vorhanden sein.

Buskoppler

Da es nicht sinnvoll ist, die Treiberleistung der einzelnen Bustreiber auf die maximale Anzahl der Gerätemodule auszulegen, sind nach einer festen Zahl von Steckplätzen immer wieder Signalverstärkungen notwendig. Eine derartige Komponente beinhaltet gleichzeitig die Möglichkeit, eine galvanische Trennung zu implementieren. Bei einer Signalverstärkung ist es notwendig, die Übertragungsrichtung vorzugeben. Dies ist durch die Detektion des sendenden Moduls einfach möglich. Der Buskoppler kann gleichzeitig als Busabschluß verwendet werden.

4.3 Systemfunktionen

Die Systemfunktionen umfassen im wesentlichen:

- Kommunikation und Datensicherung,
- Konfigurierung und
- Fehlerbehebung mit Erhöhung der Verfügbarkeit.

Diese Systemfunktionen sind im gesamten System verteilt und partiell redundant ausgeführt.

4.3.1 Kommunikation und Datensicherung

Bei einem sehr variablen und offen gestalteten Gerätesystem ist es vor allem wichtig, die Kommunikation so zu gestalten, daß Änderungen und Erweiterungen einfach realisiert und durchgeführt werden können. Das aus der Rechnerkopplung bekannte ISO-Architekturmodell für offene Kommunikation /60/ läßt durch seine Ebenengliederung derartige Freiheitsgrade zu (Bild 4.10). Durch

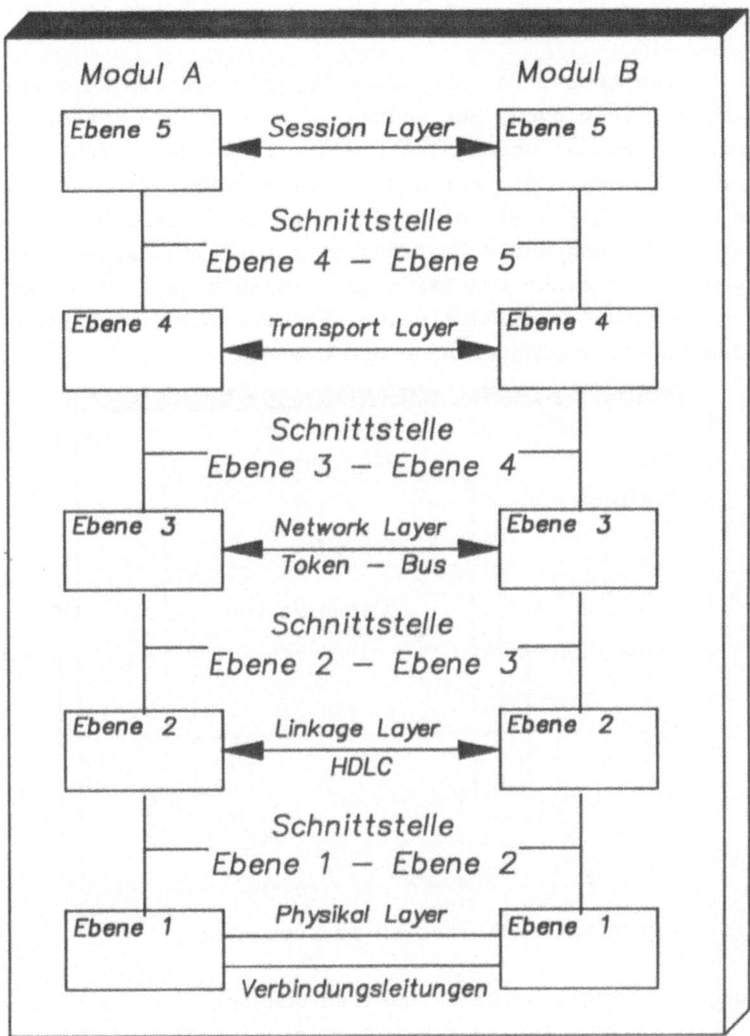

Bild 4.10: Aufbau der Kommunikation innerhalb des Laborgerätesystems

dieses Ebenenmodell sind die unteren fünf Ebenen fest definiert und werden für das Laborgerätesystem verwendet, wobei aus Gründen der Verfügbarkeit von Bauteilen und Baugruppen bzw. aus Aufwandsgründen teilweise Modifikationen notwendig wurden.

4.3.1.1 Physical Layer

In der ersten Ebene, dem Physical Layer, ist die eigentliche physikalische Verbindung der Module zu sehen. Die Forderungen, die in Punkt 4 an das Gesamtsystem gestellt wurden, führen hier zu einer Minimierung des Aufwandes beim Physical Layer und somit zu einem seriellen Bus (siehe Bild 4.11). Aus Überlegungen bezüglich Datensicherung und Busbelastung ergibt sich darüber hinaus die Notwendigkeit einer ACK-Leitung. Dieses Signal wird für den Fall ausgelöst, daß ein Modul seine eigene Adresse erkennt und er diese Adresse als Empfänger annehmen darf.

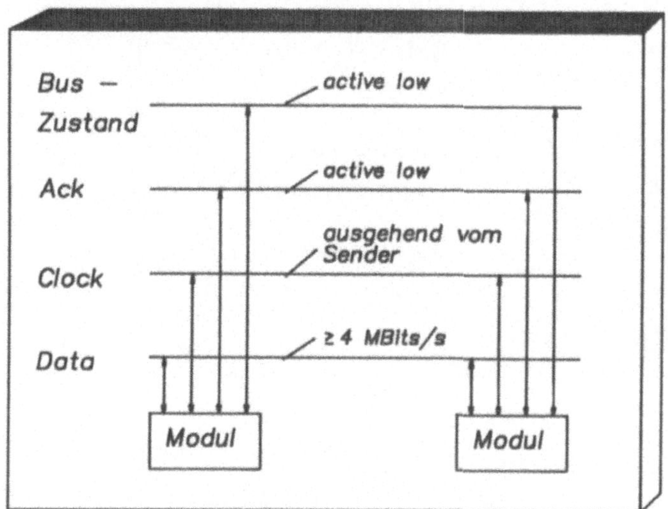

Bild 4.11: Kommunikationsleitungen im Systembus

Überlegungen bezüglich Fehlerquellen und der Möglichkeiten zur Verhinderung dieser Fehler führten zu einer weiteren Bussteuerleitung mit der Bezeichnung /SBA. Diese Leitung signalisiert, ob der Bus belegt ist. Dadurch lassen sich auch im Fehlerfall viele Kollisionen auf dem Bus vermeiden. Dies führt letztendlich dazu, daß Module, die an einem Fehler nicht beteiligt sind, von dieser Störung weitgehend unberührt bleiben.

Die Synchronisation zwischen Empfänger und Sender erfolgt über eine Taktleitung. Dies ist vor allem durch die höhere Übertragungssicherheit und eine hohe Übertragungsrate als auch durch die Verfügbarkeit von geeigneten Bausteinen zur Realisierung der Schnittstelle begründet. Der Takt wird dabei vom sendenden Modul mitgesendet. Diese Dezentralisierung des Takterzeugers ist auch ein Beitrag zur Erhöhung der Verfügbarkeit. Außerdem werden dadurch Laufzeitunterschiede zwischen Takt und Daten minimiert.

4.3.1.2 Linkage Layer

In der zweiten Ebene, dem Linkage Layer, wird ein HDLC-Protokoll verwendet /61/. Dies ist zum einen durch die Verfügbarkeit entsprechender Controllerbausteine, zum anderen aber auch durch die weite Verbreitung dieses Protokolls vor allem in den USA begründet.

In dieser Ebene und mit diesem Übertragungsprotokoll wird die eigentliche Verbindung zwischen zwei Modulen realisiert. Dabei wird durch das Protokoll die Adressvergabe, eine Datensicherung in Form einer Framechecksequence (FCS) und die Verwendung eines Controlfields geregelt.

Die jeweilige Adresse eines Moduls, die innerhalb des HDLC-Protokolls verwendet wird, errechnet sich aus der Versuchsnummer und der Modulnummer. Die FCS wird durch ein Generatorpolynom 16. Ordnung entsprechend:

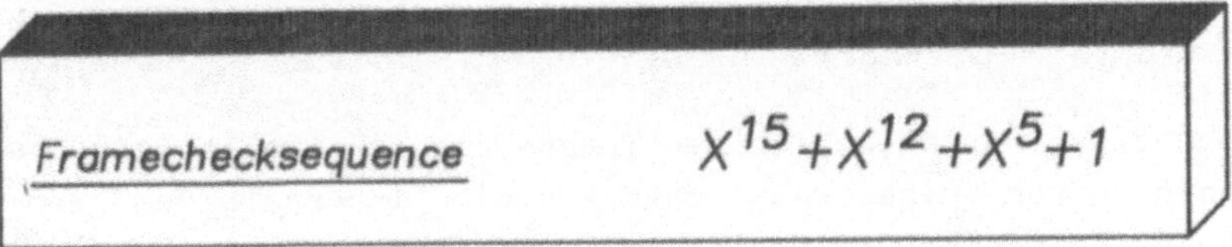

gebildet. Laut HDLC-Protokoll kann ein erkannter Fehler bereits innerhalb dieser Ebene 2 abgehandelt werden.

4.3.1.3 Network Layer

Die Funktionen dieser Ebene bilden das Vermittlungssystem. Dabei wird ein Token-Protokoll eingesetzt. Das Token ist eine Sendeberechtigung und wird wie ein Staffelstab innerhalb des Gerätesystems von Gerät zu Gerät weitergereicht /62/. Diese Weitergabe erfolgt so, daß sich im Geräteadressbereich ein logischer Ring aufbaut.

Die Umlaufzeit des Tokens in diesem logischen Ring bestimmt weitgehend die Echtzeiteigenschaften des Gesamtsystems. Die Betrachtungen des Standes der Technik, im besonderen die der Steuergeräte, ergaben, daß Zeitintervalle von einer Sekunde üblich und ausreichend sind. Um auch bei einer mehrfachen Kommunikation eine entsprechende Reaktionszeit zu gewährleisten wird die Umlaufzeit des Tokens auf 100 ms festgelegt. Damit wird der größte Teil der Anwendungen abgedeckt und die Echtzeiteigenschaften sind besser als bei einem Großteil der Zeitgeber und Steuergeräte.

Im Gerätesystem wird das Token durch den Busmanager initiiert. Da der Busmanager alle am System vorhandenen Geräteadressen kennt, teilt er das Token dem Versuchsmanager zu, der die nierdrigste Versuchsnummer hat. Dieser verfährt nach einer evetuellen Datenübertragung analog dem Busmanager und teilt das Token dem nächsten Gerät innerhalb seiner Gerätegruppe zu. Dabei kennt jedes Gerät die Adresse, von der es das Token zu bekommen hat (Previous-Adress) und die Adresse, an die es das Token zu senden hat (Next-Adress). Diese Adressen werden vom Versuchsmanager entsprechend den Konfigurationsänderungen aktualisiert. Da der Versuchsmanager auch die Adressen der im System vorhandenen anderen Versuchsmanagern kennt, hat das Gerät mit der höchsten Adresse als Next-Adress die Adresse des Versuchsmanagers mit der nächst höheren Versuchsnummer.

Durch diese Organisation des Token-Umlaufes erhält jedes Gerät unabhängig von seiner räumlichen Position innerhalb der Kommunikationseinrichtung die Möglichkeit, Daten zu senden. Die maximale Länge der Sendung kann sowohl fest als auch abhängig von einer Priorität sein.

Es gibt insgesamt drei Arten der Token-Zuteilung. Im Normalbetrieb wird das Token ohne weitere Zusatzinformationen übertragen. Zum Lokalisieren von Systemfehlern bei der Kommunikation ist ein spezieller Token-Betrieb vorgesehen. Dabei wird durch eine Kennung ein Softwareacknowledge bei der Token-Zuteilung hervorgerufen. Damit kann insbesondere geprüft werden, welches Gerät eventuell das Token nicht mehr weitergibt. Als weitere Möglickeit besteht die Weitergabe des Tokens mit einer Polling-Information. Dies bedeutet, daß der Empfänger nicht wirklich das Token erhält. Er ist nur berechtigt, dem pollenden Modul eine Statusmeldung zu senden.

4.3.1.4 Transport-Layer

Im Transport-Layer eines jeden Moduls erfolgt die Zusammenfassung bzw. Verteilung von Sende- bzw. Empfangsdaten. Dies bedeutet, daß hier die Adressierung unterschiedlicher Gerätefunktionen ausgewertet wird. Dazu ist die Datenübertragung entsprechend Bild 4.12 aufgebaut.

Jeder Datensatz besitzt über seine Zieladresse hinaus ein Kontrollfeld, welches Informationen über die Art der Datenübertragung beinhaltet. Über Schnittstellensoftware werden Sende- bzw. Empfangsdaten zur nächsten Ebene weitergereicht. In dieser nächsten Ebene wird ein jeweils ebenenspezifisches Kontrollfeld erzeugt bzw. ausgewertet. Durch diese Struktur werden für jede Ebene unabhängige und eigene Funktionen möglich. Die ebenenspezifischen Funktionen sind dabei voneinander unabhängig und können somit in der jeweiligen Ebene modifiziert oder erweitert werden, ohne andere Ebenen zu tangieren.

4.3.1.5 Session-Layer

Im Session-Layer sind die Betriebszustände

- o Initialisierung des Gerätes,
- o Anmelden im System,
- o Geräteeinstellung,
- o Grundzustand,
- o Aufbau/Änderung einer Geräteverknüpfung und
- o Betrieb am Systembus

zu unterscheiden. Diese Betriebszustände können über den Bus oder vom Bediener angewählt und geändert werden.

4.3.1.6 Datensicherung

Zur Datensicherung werden in den verschiedenen Ebenen entsprechende Möglichkeiten vorgesehen. So wird schon an der ACK-

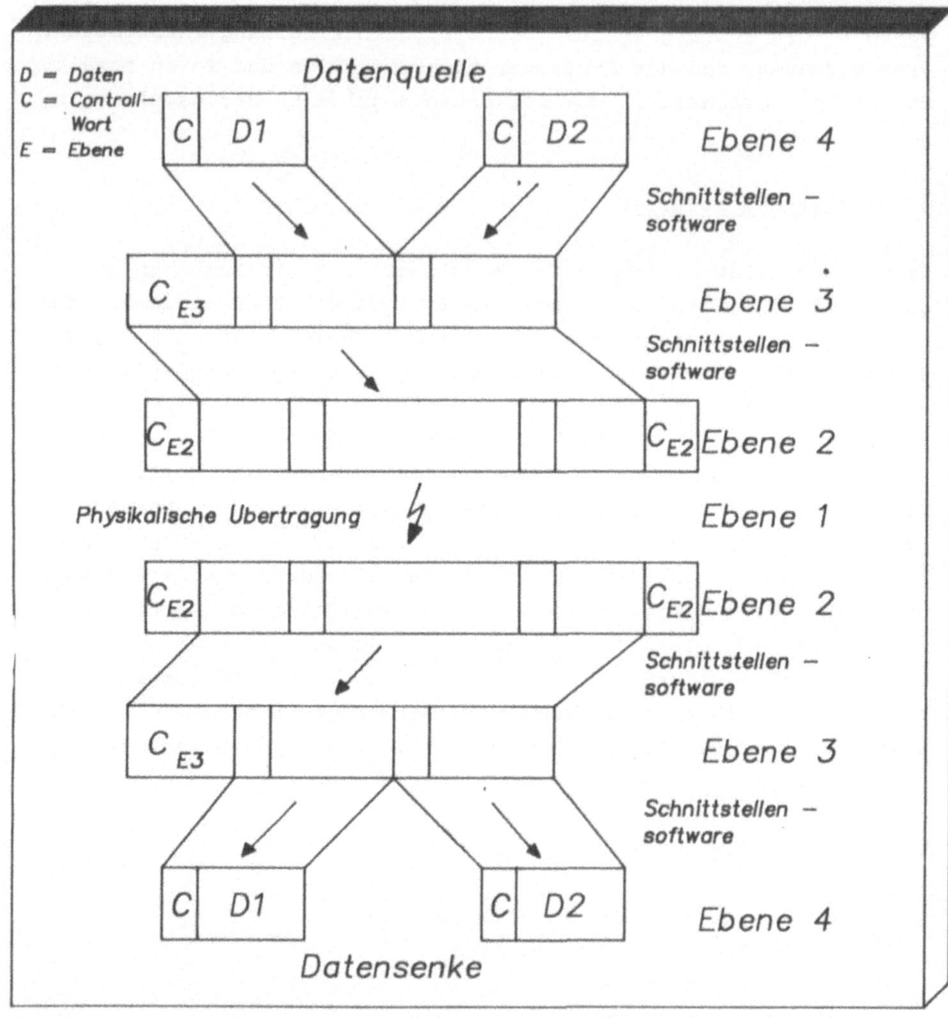

Bild 4.12: Struktur der Datenübertragung

Leitung erkannt, ob eine Adresse richtig gesendet bzw. erkannt wurde. Darüber hinaus wird über die FCS eine Überprüfung der gesamten Datenübertragung durchgeführt. Wenn auch dieses Polynom nicht gerade günstig gewählt wurde /63/, ergibt sich jedoch eine Fehlerwahrscheinlichkeit für ein Bit auf einem Koaxialkabel in der Größenordnung von 10^{-7}. Bei diesem Wert erscheint es nicht unbedingt notwendig, die Möglichkeit des HDLC-Protokolls bezüglich recovery reject auszunutzen.

Eine weitere Datensicherung kann in höheren Ebenen durch Plausibilitätsprüfung der übertragenen Werte erfolgen. Diese Möglichkeit der Datenüberprüfung hat vor allem den Vorteil, daß dadurch die Busbelastung nicht erhöht wird.

Außerdem kann mittels einer entsprechenden Kennzeichnung der Daten eine gezielte Sicherung durchgeführt werden. Dies erscheint bei Befehlen und Meldungen, die die Module untereinander austauschen, notwendig. Dadurch wird die Datensenke der entsprechenden System- oder Gerätefunktion veranlaßt, eine Sendung nach entsprechender Plausibilitätsprüfung zu beantworten. Bei redundanten Signalen wie Meßsignale erscheint eine derartige Sicherung nicht notwendig.

Über diese Fehlerbetrachtung hinaus ist die Büschelfehlerwahrscheinlichkeit näher zu untersuchen. Dies berechnet sich wie folgt:

Büschelfehlerwahrscheinlichkeit

$$P_F = 1-(1-P_{Bit})^l$$

l = Framelänge

P_{Bit} = Bitfehlerwahrscheinlichkeit

Bei einer als Beispiel angenommenen Übertragungslänge von 500 bit ergibt sich eine gesamte Fehlerwahrscheinlichkeit für einen Frame von 5×10^{-5}, bei einer angenommenen Bit-Fehlerwahrscheinlichkeit von 10^{-7}. Das bedeutet, daß etwa jeder 20 000ste Frame gefälscht ist. Bei einer für die Zukunft angestrebten Übertragungsgeschwindigkeit von 10 Mbit je Sekunde tritt im Mittel pro Sekunde jeweils ein Fehler auf, der durch äußere Einflüsse verursacht ist. Dies gilt nur unter der Annahme, daß der Bus dauernd belegt ist. Dies ist jedoch in der Praxis nie der Fall.

4.3.2 Konfiguration

Eine Konfigurationsänderung bezieht sich sowohl auf das Einstecken eines Moduls als auch auf das Entfernen eines Moduls in einem laufenden System.

Wird ein neues Modul in den Systembus eingesteckt, so wird zuerst seine eigene Hardware initialisiert. Danach wird eine frühere Geräteadresse zur Bestätigung bzw. zur Änderung angeboten. Nach dieser Adresseingabe überprüft das Modul, ob es an einen laufenden Systembus angeschlossen ist. Seine Schnittstelle zum Systembus, speziell die ACK-Leitung, ist dabei abgeschaltet. Ist dies der Fall, so wird die Schnittstelle des Moduls mit der eingestellten Adresse initialisiert.

Alle im System nicht vorhandenen Adressen werden vom organisatorisch übergeordneten Modul zyklisch überprüft. Dies bedeutet, daß der Busmanager zyklisch nach neuen Versuchsmanagern sucht bzw. Versuchsmanager zyklisch nach neuen Gerätemodulen suchen.

Das Vorhandensein eines neuen Moduls erkennt das pollende Modul an dem ACK-Signal. Er erwartet dann eine Initialisierungsmeldung, die das neue Modul identifiziert. Handelt es sich dabei um einen Gerätemodul, wird das neue Modul dem Busmanager zur Aktualisierung seiner Konfigurationsliste gemeldet. Danach werden den im Adressbereich benachbarten Modulen sowie dem neuen Modul die Previous- und Next-Adress vom pollenden Modul mitgeteilt. Damit ist der neue Modul in das System aufgenommen.

Beim normalen Entfernen eines Moduls, das durch die entsprechende Bedienung eines Moduls eingeleitet wird, meldet sich dieser bei seiner nächst höheren Instanz ab. Ist dies der Versuchsmanager, so wird der Busmanager zur Aktualisierung seiner Konfigurationsliste informiert. Danach werden die Previous- und Next-Adress der im Adressbereich benachbarten Module aktualisiert und der entsprechende Modul aus dem System genommen.

Das Entfernen eines Moduls aus dem System ist überlagert von den Verknüpfungen der entsprechenden Datenquellen bzw. Datensenken. Diese Verknüpfungen werden entsprechend den Vorgaben bei der Geräteverknüpfung aufgehoben.

4.3.3 Fehlerbehebung

Die bei der Kommunikation vorgesehenen Algorithmen und Verfahren ermöglichen eine Vielzahl an Funktionen zur Fehlererkennung und

Fehlerbehebung. Auf der anderen Seite sind durch die räumliche Verteilung und die Variabilität des Systems viele potentielle Fehlerquellen vorhanden. Die Zielsetzung bei der Fehlerbehebung ist, daß der Ausfall einzelner Geräte das restliche System nicht oder nur begrenzt beeinflußt. Dies bezieht sich auch auf mögliche Handhabungs- oder Bedienungsfehler.

Besonders problematisch ist dies beim Busmanager zu sehen. Beim Ausfall dieser für das System zentralen Komponente wird die Funktion von dem Versuchsmanager mit der niedersten Versuchsnummer übernommen. Dabei kann eine kurzzeitige Verzögerung in der Zuteilung der Busübertragungsberechtigung auftreten. Die restlichen Funktionen bleiben darüber hinaus erhalten.

Beim Ausfall eines Versuchsmanagers übernimmt der Busmanager die Verteilung der Buszugangsberechtigung für die Geräte dieser Versuchsnummer. Es können dann aber unter dieser Versuchsnummer keine neuen Geräte eingeführt werden. Darüber hinaus fällt die mögliche zeitabhängige oder ereignisabhängige Steuerung des Versuchs durch den Versuchsmanager aus.

Beim Ausfall eines Gerätes werden eventuell vorhandene Kommunikationspartner vom Ausfall informiert.

Geht eine Buszuteilung verloren, so wird die Buszuteilung vom Busmanager neu initiiert. Tritt dies zyklisch auf, so wird durch eine spezielle Betriebsart der Buszuteilung das fehlerhafte Gerät ermittelt und aus der Systemkommunikation ausgeschlossen.

Die entsprechenden Systemfehler werden beim Busmanager angezeigt bzw. protokolliert. Darüber hinaus werden auch Fehler bei den betroffenen Versuchsmanagern oder Geräten angezeigt.

Obige Maßnahmen haben vor allem zum Ziel, die Verfügbarkeit des Gesamtsystems zu erhöhen. Dies soll vor allem dadurch erreicht werden, daß über Softwareredundanz ohne wesentlichen Mehraufwand die Weiterführung des Betriebes in der momentanen Konfiguration gewährleistet ist.

4.4 Bedienung

Im Absatz 3.6.2 wurde die Forderung nach einer geringen Anzahl von Tasten und einer möglichst graphikfähigen Anzeige abgeleitet. Durch die starke räumliche Begrenzung, die eine großflächige Anzeige nicht zuläßt und die große Informationsvielfalt, die zur System- und Gerätebedienung notwendig ist, wird eine Anzeige mit mehreren Bildebenen benötigt. Zur Kommunikation mit dem Bediener sind 8 Bildebenen vorgesehen. Diese Ebenen sind speziellen Funktionen zugeordnet.

Ebene 0

Diese Ebene steht Systemfuntionen zur Verfügung. In dieser Bildebene wird die Einstellung der Versuchs- und Gerätenummer vorgenommen.

Ebene 1

Diese Ebene steht für eventuelle weitere Systemfunktionen und für die erste Gerätefunktion zur Verfügung. Hier erfolgt z.B. die erste generelle Funktionsauswahl aus unterschiedlichen Gerätefunktionen.

Ebene 2 bis Ebene 4

Über diese Ebenen erfolgt die Bedienerführung bei der Arbeit mit dem Gerät.

Ebene 5

In dieser Bildebene werden nur Fehlermeldungen ausgegeben. Diese Fehlermeldungen müssen durch den Bediener quittiert werden.

Ebene 6

In dieser Ebene wird der Text der Helpfunktionen dargestellt. Der Help-Text beschreibt die Möglichkeiten der Bedienung im jeweiligen Gerätezustand.

Ebene 7

Diese Bildebene ist für spezielle Funktionstasten reserviert. Damit können bestimmten Tasten weitere komplexe Funktionen zugeschrieben werden.

Nach dem Anmelden eines Gerätemoduls in einem laufenden System wie es in Punkt 4.3.2 beschrieben wurde, besteht die Möglichkeit, einen Verknüpfungsaufbau oder eine Geräteeinstellung durchzuführen.

4.4.1 Gerätekommunikation

Der Verknüpfungsaufbau beginnt mit der Auswahl einer Datensenke bzw. Datenquelle eines Gerätes. Dabei kann mit definiert werden, welcher Wertebereich übertragen werden soll.

Der Kommunikationspartner wird durch die Angabe der Gerätenummer adressiert. Nach dieser Adressierung werden die dort vorhandenen entsprechenden Quellen bzw. Senken zur Auswahl zur Verfügung gestellt. Stimmen die physikalischen Größen von Datenquelle und Datensenke nicht überein, wird die Eingabe eine Abbildungsvorschrift für die Datenübertragung erzwungen, so daß eine Anpassung der Werte erfolgen kann. Die Abbildungsvorschrift kann auch zur Veränderung von Wertebereichen angewählt werden. Eine Datenquelle kann an mehrere Senken Daten übertragen. Dagegen kann eine Datensenke nur von einer Datenquelle Daten empfangen.

Die Datenübertragung wird durch eine Start-Stop-Funktion gesteuert. Nach dem Aufbau einer oder mehrerer Gerätekommunikationen kann zur Gerätefunktion verzweigt werden.

4.4.2 Gerätefunktionen

Bei der Gerätefunktion werden zuerst eventuell vorhandene unterschiedliche Teilfunktionen zur Auswahl angeboten. Nach Auswahl einer Teilfunktion wird die entsprechende Parametrierung angeboten. Dabei kann es sich z. B. um eine Meßbereichsauswahl, Auswahl eines Sensors oder um die Auswahl einer Linearisierungsfunktion handeln. Entsprechende Parametrierungen sind bei Ausgabefunktionen oder auch bei den Reglerkomponenten möglich.

Die Gerätefunktion wird nach Eingabe der Parameter durch eine Start-Stop-Funktion gesteuert. Nach Auswahl, Einstellung und Parametrierung der Gerätefunktion ist eine Verzweigung nach dem Verknüpfungsaufbau möglich. Bei Geräten, die zur Gerätefunktion eine vorhergehende Kalibrierung voraussetzen, wird diese nach der Anwahl der Gerätefunktion erzwungen.

4.5 Gehäuse

Entsprechend den in 3.6.1 geforderten Systemeigenschaften sind für die Gehäusegröße und das Gerätegewicht enge Grenzen vorgegeben. Es lassen sich aber diese Werte erst im Zuge der Realisierung bei der Auswahl von Komponenten genau definieren.

Weitere wesentliche Randbedingungen für die Gehäusegestaltung lassen sich aus den Systemeigenschaften und der bisherigen Konzeption ableiten. So sind für die Gehäusebreite Rastermaße vorzusehen, die einen geradzahligen Teiler der Segmentlänge der Bussegmente ergeben. Dieses Rastermaß richtet sich jedoch nicht nach einem fiktiven maximal notwendigen Platzbedarf, sondern orientiert sich an einfachen Modulen mit geringem Hardwareaufwand für die Gerätefunktion. Für Gerätemodule mit erhöhtem Platzbedarf können dann Doppel- oder Dreifachmodule verwendet werden, soweit sie gewisse Gewichtsbeschränkungen nicht überschreiten.

Die Befestigung der Module erfolgt direkt am Systembus durch Einhängen bzw. Einschieben. Dabei muß darauf geachtet werden, daß durch Bedienung bzw. durch Handhaben mit Steckern auf der Frontseite die Steckverbindung zwischen Modul und Systembus nicht gelöst werden kann. Dies resultiert letztendlich in der Forderung nach einer festen Arretierung des Gerätemoduls am Bussegment. In Bild 4.13 ist ein möglicher konstruktiver Aufbau dargestellt, der die Funktionalität der Befestigung verdeutlichen soll.

Nicht benötigte Geräte werden in einem geeigneten Stauraum gelagert, so daß die Steckkontakte des Gerätemoduls, wenn das Gerät nicht am Bussegment befestigt ist, nicht notwendig abgedeckt sein müssen.

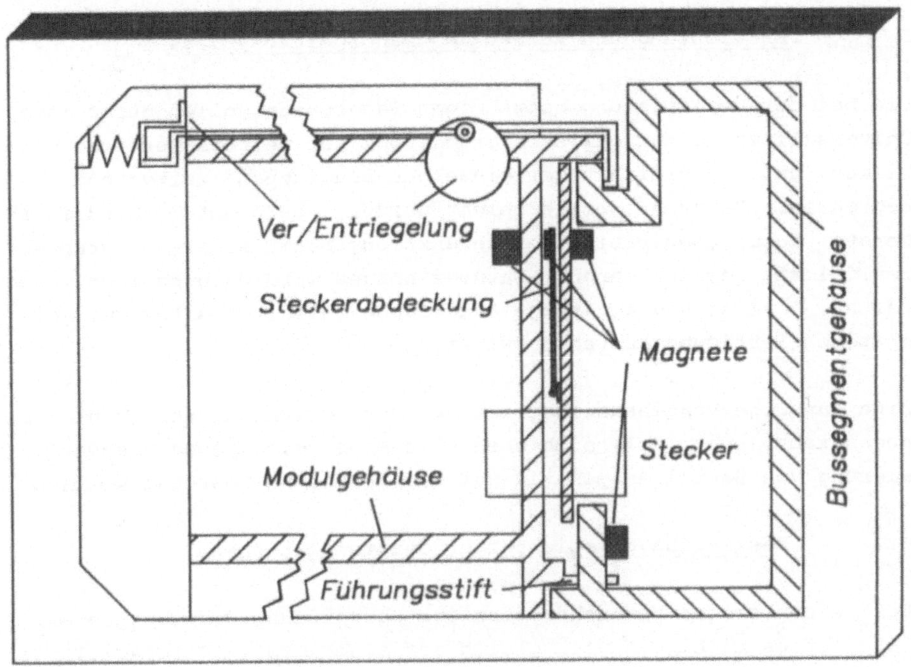

Bild 4.13: Konzeption der Modulaufhängung

5 Entwicklung und Aufbau des Laborgerätesystems

Die bei der Realisierung notwendigen Baugruppen sollen durch ihre Universalität einen gewissen Grundstock für weitere Gerätemodule bilden um die Vielfalt der einzelnen Baugruppen weitgehend zu begrenzen. Dadurch soll erreicht werden, daß unterschiedliche Geräte durch Kombination gerätefunktionsspezifischer Baugruppen realisiert werden können. Darüber hinaus wird dadurch auch erreicht, daß sich die geringe Baugruppenvielfalt positiv auf die späteren Fertigungskosten auswirkt.

Eine analoge Vorgehenswiese ist bei der Verwendung der Bauteile angestrebt. Hier soll sich ebenfalls eine weitgehende Standardisierung von Bauteilen positiv auf die Fertigungskosten auswirken.

5.1 Festlegung beispielhafter Gerätefunktionen

Bei einem ersten Versuchssystem zur Überprüfung der Funktionalität ist es nicht sinnvoll gleich auf eine große Gerätevielfalt überzugehen. Die ausgewählten Gerätefunktionen zeichnen sich durch ihre universelle Einsetzbarkeit aus und ermöglichen dadurch die Simulation verschiedenartiger Versuchsaufbauten. Darüber hinaus wird es hier auch möglich die Funktionalität des Gerätesystems zu demonstrieren.

Für einen ersten Versuchsaufbau werden folgende Gerätemodule augewählt:

- Versuchsmanager
- Elektrisches Multimeter
- Zwei-/Dreipunktregler
- Kleinspannungsausgabe
- Ansteuerbare Steckdosen

Die ansteuerbaren Steckdosen werden nicht als Gerätemodul realisiert. Sie sind ein Beispiel für die Realisierung modulexterner Komponenten. Sie werden direkt dem Versuchsmanager zugeordnet und von dort aus geschaltet.

5.2 Festlegung beispielhafter Systemkomponenten

Eine Auswahl bei den Systemkomponenten ist nur in begrenztem Umfang möglich. Die Komponenten Systembus mit Busmanager und Busabschluß sind generell zur Realisierung eines Gerätesystems notwendig. Eine Variation ergibt sich vor allem in der Art der Realisierung sowie in dem Ausbau der gewünschten Funktionen.

Für eine erste Realisierung werden die Komponenten wie folgt festgelegt:

- Busmanager:
Durch ihn wird zum ersten Mal das Token initialisiert und ein Adresspolling nicht belegter Versuchsmanageradressen durchgeführt. Darüber hinaus besitzt der Busmanager eine Liste aller im System vorhandenen Geräte. Außerdem überprüft der Busmanager die Tokenumlaufzeit und verzögert bei einer zu kurzen Tokenumlaufzeit die Tokenweitergabe. Beim Verlust des Tokens werden vom Busmanager aus Maßnahmen zur Fehlerbehebung eingeleitet.

- Systembussegment:
Das Systembussegment muß in jedem Fall für das System realisiert werden. Aus Aufwandsgründen wird für diese erste Realisierung auf eine Steckerabdeckung und eine aufwendige Arretierung der Geräte am Systembus verzichtet.

- Buskoppler:
Der Buskoppler kann als Option in das Systembussegment eingebaut werden. Er wird mit galvanischer Entkopplung realisiert. Dadurch sollen weiterführende Tests zur Störbeeinflussung der Kommunikation ermöglicht werden.

5.3 Baugruppendefinition

Unter Berücksichtigung der in 5 formulierten Realisierungskriterien wurde ein Baugruppenfundus definiert, aus dem heraus möglichst viele unterschiedliche Geräte zusammengestellt werden können. Die Variation der Geräte erfolgt dabei im wesentlichen durch Variation der Baugruppenauswahl und Softwareanpassung.

Der Baugruppenfundus besteht im wesentlichen aus:

- o Geräteinterne Standardbaugruppen,
  - CPU
  - Serielles Communication-Interface (SCI)
  - Memoryplatine (MEM)
  - Display-Terminal-Controller (DTC)
  - Modulbus
  - Powerblock
- o Gerätefunktionsspezifische Baugruppen und
  - Analog-Digital-Converter (ADC)
  - Digital-Analog-Converter (DAC)
  - Verstärker (VS)
  - Bereichsumschaltung (BU)
  - Realtimeclock (RTC)
  - Steckdosenansteuerung
- o Systembaugruppen.
  - Buskoppler
  - Systembus

Bis auf die Steckdosenansteuerung, DTC, Modulbus, Powerblock, den Systembus und den Buskoppler sind alle Baugruppen als eurobus-kompatible Einfacheuropakarten vorgesehen. Die anderen Baugruppen sind entsprechend den räumlichen Möglichkeiten optimiert.

Zur Minimierung der notwendigen Logikbausteine werden PAL's eingesetzt. Dadurch wird eine Minimierung der Bauteilanzahl je Baugruppe erreicht und die Zuordnung von Adressbereichen weitgehend variabel gehalten.

5.3.1 Geräteinterne Standardbaugruppen

Die hier beschriebenen Baugruppen sind in allen Gerätemodulen und im Busmanager vorhanden.

Central-Processing-Unit (CPU):
Die CPU-Eurobuskarte ist als Standardkomponente für jedes Gerät vorgesehen. Da diese Komponente über die reine Datenübertragung hinaus auch Gerätefunktionen mit übernimmt, sind entsprechende Echtzeitfähigkeiten vorgesehen. Zusätzlich sind für Kommunika-

tions- und Steuerfunktionen Schnittstellen vorhanden, die eine weitgehend universelle Einsetzbarkeit dieser Komponente gewährleisten. Die Grundfunktionen, die dadurch bei der CPU ermöglicht werden, sollen einen breiten Einsatzbereich ermöglichen. So werden z. B. über die hier vorhandene Parallelschnittstelle die Steckdosen angesteuert.

Seriell-Communikation-Interface (SCI):
Über das serielle Communication Interface tauschen alle am Laborgerätebus angeschlossenen Geräte ihre Meß- und Einstelldaten aus. Der Bus arbeitet im Halbduplexbetrieb. Die Benutzungsberechtigung am Bus wird in einem Token nach IEEE-Projekt 802.4 "Local Area Networks Standards" zugeteilt /62/. Durch dieses Konzept werden nur wenige Leitungen im Bus benötigt. Das Konzept des Hardwareaufbaus unterstützt die Datenübertragung nach dem ebenenorientierten ISO-OSI Architekturmodell /60/.

Memoryplatine (MEM):
Als Speicher wird eine käufliche Platine verwendet. Diese Platine ist wahlfrei mit RAM- bzw. EPROM-Bausteinen bestückbar. Die RAM-Bausteine sind dabei batteriegepuffert. Die Gesamtkapazität der Platine beträgt bis zu 64 K-Byte.

Display-Terminal-Controller (DTC):
Die DTC-Baugruppe wird als komplette Einheit in den vorderen Teil des Gerätegehäuses eingebaut (siehe Bild 5.1). Der DTC besteht aus den Hauptkomponenten:

- o LCD-Anzeige,
- o Keyboard (15 Tasten),
- o Controller 1 und
- o Controller 2.

Die einzelnen Baugruppen sind mit Flachbandkabel untereinander steckbar verbunden. Die Mechanik ist so ausgelegt, daß Controller 1, Controller 2 und LCD-Platine gemeinsam befestigt werden können. Das Tastenfeld ist als Folientastatur ausgelegt.

Die Anzeige besitzt im Normalbetrieb 8 Zeilen mit je 16 Zeichen. Zur Ausgabe umfangreicherer Texte kann auf eine doppelt dichte Darstellung umgeschaltet werden. Darüber hinaus ist die Anzeige als Punktmatrix mit 128 x 128 Punkten ansteuerbar und steht damit auch für graphische Darstellungen zur Verfügung.

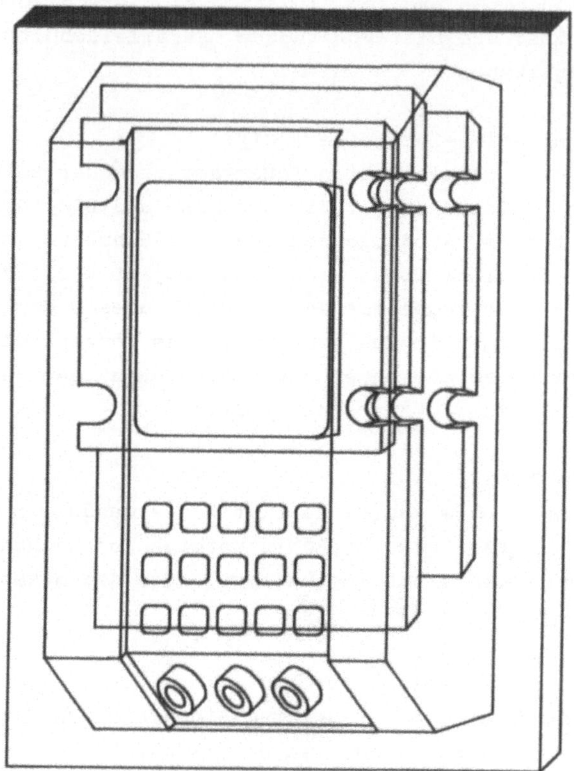

Bild 5.1: Aufbau der Anzeigeneinheit

Zur Bedienung der einzelnen Komponenten des Gerätesystems stehen an jedem Gerät 3 Tastenreihen mit je 5 Tasten zur Verfügng. Die Tasten besitzen meist eine Doppelfunktion. Ihre jeweilige Bedeutung und Funktion ist in Punkt 5.3.3 beschrieben.

Modulbus:
Die Backplane für Einfachgeräte hat 5 64-polige Stecker DIN 41612. Drei Steckplätze sind fest für Standardbaugruppen vergeben. Die freien Steckplätze stehen für beliebige Gerätefunktionen zur Verfügung.

Die Backplane für Doppelmodule ist analog aufgebaut. Sie ist jedoch um 4 Steckplätze verlängert. Die Pinbelegung dieser Steckplätze ist mit der Pinbelegung der frei verfügbaren Steckplätze der Einfachmodule identisch.

Powerblock:
Alle Geräte haben zur Versorgung der Microelektronik einen identischen Powerblock. Die 5 Volt/DC Rechnerspannung werden aus einem geregelten Netzteil mit 25 VA Nennleistung erzeugt. Zur Versorgung der LCD-Anzeige besitzt der Powerblock noch einen DC/DC-Wandler.

5.3.2 Gerätespezifische Baugruppen

Um die Komponenten DAC, ADC, VS und BU kombinierbar und kompatibel zu machen, wurde ein Hilfsbus vorgesehen, welcher eine direkte Kopplung der Analogsignale und Referenzspannungen ermöglicht.

Analog-Digital-Converter (ADC):
Der ADC ist so aufgebaut, daß er zum einen als selbständige Komponente innerhalb eines Gerätes Einsatz finden kann. Zum anderen kann er mit einer reduzierten Bestückung als Zusatzkomponente z. B. für den DAC eingesetzt werden. Dabei entfällt die Eurobusschnittstelle und die Referenzspannung. Diese Einsatzmöglichkeit soll die Gesamtkosten eines Gerätes verringern.

Die Messung erfolgt auf zwei Kanälen galvanisch getrennt. Die Auflösung erfolgt auf 12 Bit. Durch die zweikanalige Ausführung können auch Sensoren mit integriertem Temperaturfühler bedient werden.

Digital-Analog-Converter (DAC):
Der Digital-Analog-Converter erzeugt zwei von der Rechnerspannung galvanisch getrennte Ausgangssignale. Diese Signale liegen zwischen 0 und einer auf der Karte erzeugten Referenzspannung. Die Auflösung beträgt analog zum ADC 12 bit.

Verstärker (VS):
Die Verstärkerplatine soll die Ausgabe von Werten im Sinne eines

frei programmierbaren und geregelten Netzgerätes ermöglichen. Dazu ist diese Komponente so ausgelegt, daß die am Ausgang anliegende Spannung bzw. der abgenommene Strom als Information für eine Regelung zur Verfügung steht. Darüber hinaus wurden Maßnahmen installiert, die die Verlustleistung weitgehend begrenzen. Diese Komponente ist vor allem in Verbindung mit den Baugruppen DAC und ADC zu sehen. In Verbindung mit diesen Baugruppen wird eine geregelte Spannungs- und Stromausgabe mit Power-Sence möglich.

Der Spannungsbereich liegt zwischen 0 und 35 V(DC), der Strombereich zwischen 0 und 2 A.

Rereichsumschaltung (BU):
Bei der Bereichsumschaltung kann über ein Port eine Meßbereichsumschaltung für ein Multimeter durchgeführt werden. Diese Bereichsumschaltung ist direkt in Verbindung mit der ADC einsetzbar. Das bedeutet, daß die Schnittstellen zum Frontstecker der Platine entsprechend dem Hilfsbus kompatibel sind. Bei der Bereichsumschaltung ist die galvanische Trennung zwischen Ansteuerseite und Meßseite durch Relais realisiert.

Real-Time-Clock (RTC):
Um mit einem derartigen System Echtzeitverarbeitung durchführen zu können, muß als Baugruppe eine RTC vorhanden sein. Eine derartige Komponente steht als Zukaufteil zur Verfügung.

Steckdosenansteuerung:
Die Steckdosen sind vom Versuchsmanager aus ansteuerbar. Über die PIA der CPU werden Opencollektortreiber geschaltet. In der Steckdosenleiste selbst befinden sich Relais und eine Stromversorgung für die benötigten Treiber.

5.3.3 Systembaugruppen

Buskoppler:
Der Buskoppler ist mit differentiellen Leitungstreibern aufgebaut. Beim Buskoppler mit Potentialtrennung befinden sich zwischen den Leitungstreibern Optokoppler. Zur Festlegung der Treiberrichtung werden über die eigentlichen Übertragungsleitungen hinaus noch Steuerleitungen benötigt. Aus dem Signal ACTIVE

werden die Richtungssignale /DIRL und /DIRR abgeleitet. Mit ihnen wird die Treiberrichtung der differentiellen Leitungstreiber auch benachbarter Buskoppler geschaltet.

Systembus:
Der Systembus wird in aneinanderreihbare Bussegmente aufgeteilt. In diese Bussegmente können die einzelnen Geräte eingesteckt werden. Über diesen Systembus wird auch die Verbindung zum Versorgungsnetz hergestellt.

Zur Aneinanderreihung der Bussegmente sind diese steckbar aufgebaut. Der Buskoppler wird mit eigener Stromversorgung in das Bussegment eingebaut. Für die Signale Clock und Daten werden Koaxkabel verwendet. Die anderen Signale werden über Flachbandkabel verbunden.

5.4 Softwarekonzept

Die Software baut auf einem Betriebssystemkern auf, der die Prozeß- und Ereignisverwaltung durchführt. Ereignisse werden durch Interrupt hervorgerufen und sind höherprior wie Prozesse, welche abgegrenzte Softwarefunktionen darstellen.

Dieser Betriebssystemkern wird durch die Standard-I/O, Special-I/O und die Betriebssystem-Hilfsfunktionen bedient. Dies erfolgt sowohl durch Interruptverwaltung als auch durch entsprechende Betriebssystemaufrufe.

Im Bild 5.2 sind die einzelnen Standard-I/O-Funktionen zu entnehmen. Der Special-I/O bedient den Systembus. Im Bild ist dabei auch die Gliederung nach dem ISO-Ebenenmodell angedeutet.

Eine Ablaufsteuerung übernimmt die Verwaltung der Prozesse. Diese Prozesse setzen sich zum einen aus Standardfunktionen und zum anderen aus gerätespezifischen Funktionen zusammen. Die Ablaufsteuerung organisiert die Verteilung der Prozessorleistung in Abhängigkeit der Prozeßzustände und Prozeßprioritäten.

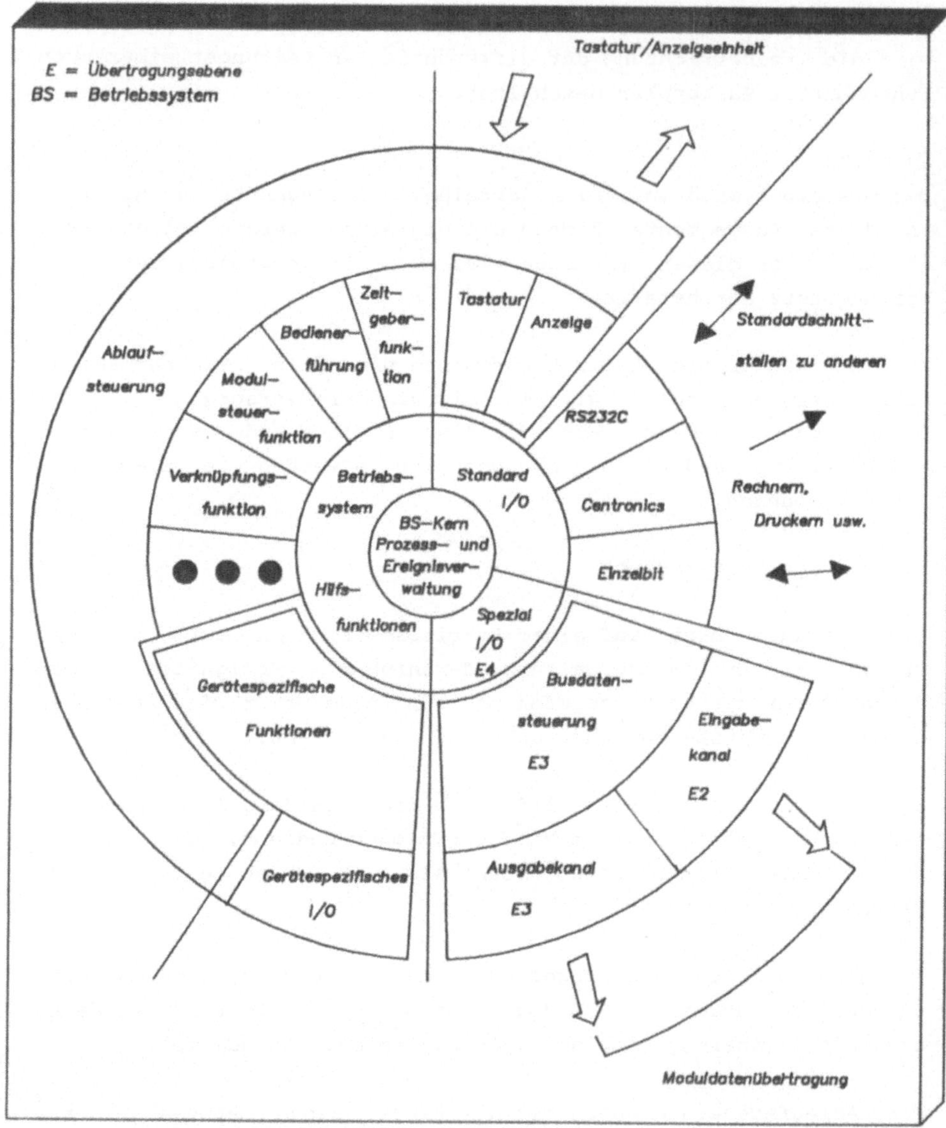

<u>Bild 5.2:</u> Programmaufbau

5.4.1 <u>Betriebssystem</u>

Der Kern der Software besteht aus einer Prozeß- und Ereignisverwaltung. Diese Prozeß- und Ereignisverwaltung ermittelt in einem festen Zeitintervall den höchstprioren Prozeß und teilt diesem den Prozessor zu. Dadurch wird eine Multitasking-Funktion möglich. Die Priorität der einzelnen Prozesse ist dabei fest.

Ereignisse werden durch Interrupts hervorgerufen und sind höherprior als Prozesse. Durch diese Organisation wird ein sehr gutes Echtzeitverhalten des Betriebssystems erreicht. Systemfunktionen wie Tastaturtreiber, Anzeigentreiber, Schnittstellentreiber für die Standardperipherie und die Treiber für den seriellen Bus sind als Prozesse definiert. Darüber hinaus werden weitere gerätespezifische Prozesse eingeführt. Über die Betriebssystemhilfsfunktionen können einzelne Prozesse in unterschiedliche Betriebszustände gesetzt werden. Über diese zustandsspezifischen Betriebssystemhilfsfunktionen hinaus sind Funktionen zum Beenden eines Prozesses, zur Übergabe von Daten bzw. zur Freigabe von Daten und zur Verkettung unterschiedlicher Prozesse möglich.

5.4.2 Kommunikation

Die Versuchsnummer und die Gerätenummer werden vom Bediener über die Tastatur eingegeben bzw. bestätigt.Jedes Modul kennt seine Next- und Privious-Adresse. Diese erhält er vom Versuchs- bzw. Busmanager für die Organisation des Tokens. Die Adressen der Kommunikationspartner werden durch den Verknüpfungsaufbau definiert.

Die Datenübertragung ist folgendermaßen aufgebaut:

1.	Zielmoduladresse	(2 Byte)
2.	Kontrollwort 2	(1 Byte)
3.	Absendermoduladresse	(2 Byte)
4.	Kontrollwort 3	(1 Byte)
5.	Bytecount gesamt	(2 Byte)
6.	Zielkanal	(1 Byte)
7.	Kontrollwort 4	(1 Byte)
8.	Absenderkanal	(1 Byte)
9.	Bytecount der Daten	(1 Byte)
10.	Daten	

Durch das Kontrollwort 2 werden sämtliche Funktionen des Tokens gesteuert. Kontrollwort 3 dient zur Verzweigung in die Gerätefunktion. Kontrollwort 4 ermöglicht in Verbindung mit der Kanalangabe eine Unterscheidung der unterschiedlichen Datenübertragungen. Nur Kontrollwort 4 und die Kanaladressierung steht der eigentlichen Gerätefunktion zur Adressierung und Codierung zur Verfügung. Die Bestandteile 6.-10. der Datenübertragung können mehrfach vorhanden sein.

5.4.3 Bedienerführung

Die Bedienerführung dient dazu, die Kommunikation zwischen den einzelnen Geräten und dem Bediener bzw. Anwender zu steuern und zu überwachen. Dazu müssen dem Bediener in zeitlich und funktionell logischer Reihenfolge Informationen übermittelt werden, auf die er zu reagieren hat. Die Reaktionen werden auf Zuverlässigkeit überprüft und intern verarbeitet. Dazu aktiviert die Bedienerführung die entsprechenden Softwarefunktionen, ggf. auch über den Systembus in anderen Modulen. Die Bedienerführung hat als der Teil der Software, der am stärksten vom Anwender wahrgenommen wird, folgende Anforderungen zu erfüllen:

- o einheitliche Schnittstelle zum Bediener bei allen Modulen,
- o möglichst weit vereinheitlichter funktioneller Ablauf auch bei unterschiedlichen Modultypen,
- o die Bedienung soll für den Anwender leicht zu erlernen sein,
- o falsche Eingaben werden zurückgewiesen, wenn sie von der Bedienerführung erkannt werden können, und der Bediener kann sie rückgängig machen.

Auf der Anzeige können verschiedene umschaltbare Bildebenen mit jeweils 8 Zeilen und 16 Zeichen pro Zeile dargestellt werden. In der ersten Zeile wird in allen Bildebenen die Versuchs- und Gerätenummer dargestellt. Bei den Versuchsmanagern wird darüber hinaus in der zweiten Zeile das Datum und die Uhrzeit angezeigt.

In der letzten Zeile ist ebenfalls auf allen Bildebenen am Zeilenende fest die Modedarstellung eingetragen. Die Modekennung zeigt an, welche Funktion bei doppelt belegten Tasten gerade gültig ist (siehe Bild 5.3).

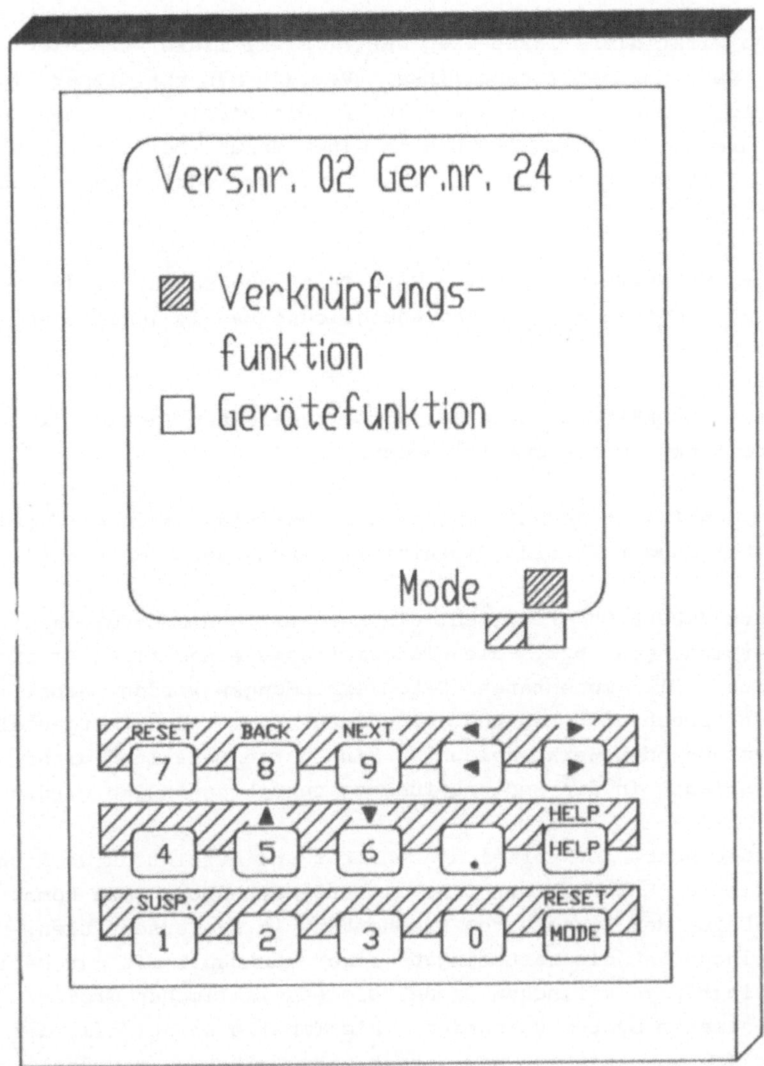

Bild 5.3: Gestaltung der Bedienerschnittstelle

Mit der Taste "NEXT" wird eine Eingabe abgeschlossen bzw. bei einem Menü eine Funktion ausgewählt. Mit der Taste "BACK" wird auf das vorherige Eingabefeld gesprungen bzw. bei Menüauswahl auf die übergeordnete Funktion verzweigt. Mit Pfeil rechts wird der Cursor um eine Stelle nach rechts verschoben. Bei Feldern wird dann diese Stelle zur Eingabe angeboten. Verläßt man damit ein

Feld, so wirkt diese Taste wie "NEXT". Pfeil links verschiebt den Cursor um eine Stelle nach links. Verläßt man mit dieser Taste ein Feld, so wirkt dies wie "BACK". Die Pfeile nach oben bzw. unten ermöglichen das Blättern in einem Menü. Bei einer Zahleneingabe ist damit auch das Erhöhen bzw. Erniedrigen von Zahlen möglich.

Mit der "HELP"-Taste kann ein Help-Text abgerufen werden. Der Help-Text beschreibt die Bedienmöglichkeiten im jeweiligen Gerätezustand.

Mit der "MODE"-Taste kann bei doppelt belegten Tasten die gewünschte Funktion ausgewählt werden.

Die beiden Tasten "RESET" müssen gleichzeitig gedrückt werden. Ihre Betätigung ruft eine Neuinitialisierung des Moduls auf.

Die Taste "SUSPEND" ermöglicht ein kurzzeitiges Unterbrechen der Datenverbindungen bzw. die Wiederaufnahme eines alten Betriebszustandes. Die momentanen Datenverbindungen werden dabei mit einer entsprechenden Kennung aufgehoben bzw. wiederhergestellt. Bei System- oder Gerätemeldungen kann durch Betätigen einer beliebigen Taste in die Bedienerführung zurückgesprungen werden.

Die Werteeingabe ist vorzeichenbehaftet und erfolgt durch Eingabe einer bis zu fünfstelligen Zahl mit Dezimalpunkt. Dazu kommt die Möglichkeit der Eingabe von Exponenten in Dreierschritten. Darüber hinaus ist die Werteeingabe immer verknüpft mit der Definition einer physikalischen Größe. Die physikalischen Größen sind als Tabelle im System vorhanden. Die Tabelle umfaßt alle der SI-Norm /73/ vorhandenen und daraus abgeleiteten physikalischen Größen.

5.4.4 Systemfunktionen

Als Systemfunktionen sollen hier speziell die Änderung einer Konfiguration und die Möglichkeiten der Fehlerbehebung angesprochen werden.

5.4.4.1 Änderung einer Konfiguration

Aus Anpassungsgründen an sich ändernde Versuchsaufbauten muß die Konfiguration von Geräten mechanisch und funktionell weitgehend variabel gestaltet werden. Diese Variabilität bezieht sich auf die Konfiguration von Einzelgeräten und deren Verknüpfung. Die räumliche Variabilität wird dadurch erreicht, daß die Geräte an jedem beliebigen Steckplatz eingehängt werden können. Soll ein Gerät, das schon im System aufgenommen ist, auf einen anderen Steckplatz, so ist es möglich, dies über einen Tastendruck ("SUSPEND") zu kennzeichnen. Dadurch werden die internen Verbindungen widerruflich aufgehoben. Wird das Gerät am neuen Steckplatz eingesteckt, so kann über einen erneuten Tastendruck die alte Konfiguration und Verbindung wiederhergestellt werden.

Es sind verschiedene funktionelle Änderungen einer Konfiguration möglich. Wird eine Geräteeinstellung verändert, die direkt eine Datensenke oder eine Datenquelle betrifft, wird der entsprechende Kommunikationspartner von dieser Änderung informiert. Änderungen in der Geräteeinstellung, welche nur die direkte Schnittstelle zum Versuch betreffen, wirken sich nicht auf die interne Datenübertragung aus. Dies bezieht sich auf die Abbildungsvorschriften von Datensenken und die Parametereinstellung bei Ausgabefunktionen.

Wird eine Datenübertragung bzw. systeminterne Gerätekopplung verändert, so wird immer der entsprechende Kommunikationspartner über diese Änderung informiert. Plausibilitätsprüfungen führen dann dazu, daß auch eventuell notwendige Änderungen beim Kommunikationspartner ermöglicht bzw. erzwungen werden.

5.4.4.2 Fehlerbehebung

Die Zielsetzung bei der Fehlerbehebung ist, daß der Ausfall einzelner Geräte das restliche System nicht oder nur begrenzt beeinflußt. Dies bezieht sich auch auf mögliche Handhabungs- oder Bedienungsfehler. Die Funktionalität entspricht der Konzeption in 4.3.3. Der Ausbau der einzelnen Funktionen wurde nur teilweise vorgenommen.

5.5 Gerätebeschreibungen

Die Gerätebeschreibungen stellen eine Funktionsbeschreibung sowie eine Beschreibung der Betriebsparameter der realisierten Geräte dar. Die Zuordnung der Baugruppen zu den Gerätemodulen ist in Bild 5.4 dargestellt.

Gerät \ Baugruppen	Seriell Communikation Interface	Central Processing unit	Memory-platine	Display Terminal Contoller	Backplane	Power-block	Realtime-clock	Bereichs-umschaltung	Verstärker	Digital-Analog-Converter	Analog-Digital-Converter
Bus-manager	●	●	●	●	●	●	●				
Versuchs-manager	●	●	●	●	●	●	●				
Multi-meter	●	●	●	●	●	●		●			●
Klein-spannungs-anzeige	●	●	●	●	●	●			●	●	
Regler	●	●	●	●	●	●					

Bild 5.4: Baugruppen der realisierten Geräte

5.5.1 Busmanager (BM)

Der Busmanager ist die einzige zentrale und ortsfeste Komponente innerhalb des Gerätesystems. Durch ihn wird zum ersten Mal das Token initialisiert und ein Adresspolling nicht belegter Versuchsmanageradressen durchgeführt. Dieses Adresspolling erfolgt nach jedem Tokenumlauf.

Der Busmanager führt eine Liste der im System vorhandenen Geräte. Meldet sich nun ein Gerät beim Bus an, so kann der Busmanager ihm die Next- und Privious-Adress mitteilen. Damit ist dieses Gerät dann in das System mit aufgenommen. Der Busmanager teilt dann auch den im Adressbereich benachbarten Geräten diese Änderung mit. Damit ist der neue Modul in den Tokenring aufgenommen und kann eine Datenübertragung durchführen.

Darüber hinaus prüft der Busmanager die Tokenumlaufzeit und verzögert bei einer zu kurzen Tokenumlaufzeit die Tokenweitergabe. Dies wird notwendig, wenn zu wenig Module am Bus vorhanden sind.

Erhält der Busmanager nach einer gewissen Zeit das Token nicht zurück, wird über einen definierten Betriebsmodus der Modul ermittelt, der das Token nicht weitergibt. Dieser Modul wird dann vom Tokenumlauf ausgeschlossen.

5.5.2 Versuchsmanager (VM)

Der Versuchsmanager hat eine gewisse zentrale Funktion innerhalb seiner Versuchsnummer. Er überprüft die freien Adressen innerhalb seines Adressbereiches und sucht damit neue Module. Die Aufnahme der neuen Module erfolgt analog zur Aufnahme beim Busmanager. Als Gerätefunktion beinhaltet der Versuchsmanager die Möglichkeit, versuchsabhängig oder zeitabhängig Werte innerhalb seiner Versuchsnummer an die unterschiedlichen Geräte zu verteilen. Zeitabhängige Sendeaufträge können in Echtzeit oder Relativzeit eingegeben werden.

Für ereignisabhängige Sendeaufträge müssen Triggerbedingungen definiert werden. Diese Triggerbedingung kann sich auf einen bestimmten Wert eines Gerätes beziehen. Darüber hinaus ist es auch möglich, zeitabhängige Triggerbedingungen zu definieren. Die Zeitabhängigkeit ist dann in Echtzeit. Die Sendeaufträge, die aufgrund einer Triggerbedingung durchgeführt werden sollen, werden in Relativzeit eingegeben. Diese Zeit bezieht sich dann auf den Zeitpunkt des Auftretens der Triggerbedingung.

Durch diese Struktur ist es möglich, komplette Sequenzen abzurufen. Über die Funktion der Triggerwiederholung können auch ganze Sequenzen wiederholend abgerufen werden. Eine Triggerauslösung ist nach der Abarbeitung des letzten Sendeauftrags dieses Triggers wieder möglich.

Die zeitliche Steuerung dieser Funktion wird durch die Echtzeituhr durchgeführt. Über diese Echtzeituhr wird auch die beim Versuchsmanager vorhandene Zeitanzeige gesteuert.

Als weitere Funktion ermöglicht der Versuchsmanager das Ansteuern von Steckdosen. Dieses Ansteuern kann durch externe Geräte, durch programmierte Sendeaufträge, durch programmierte Triggersendeaufträge oder durch Handbedienung erfolgen. Bei einer Ansteuerung von Steckdosen durch Sendeaufträge oder Datenübertragung wird die Steckdose ausgeschaltet, wenn der Wert gleich Null ist. Ist der Wert größer Null, wird die Steckdose eingeschaltet. Dabei können bis zu 16 Steckdosen angesteuert werden.

Leistungsdaten:

- o Batteriegepufferte Echtzeituhr bis 30 Tage (typisch 150 Tage)
- o kleinste Timerzeiteinheit: 1 s
- o vorprogrammierbar bis: 80 Jahre
- o Echtzeitprogrammschritte: 256
- o Triggerprogrammschritte gesamt: 1024
- o Triggeranzahl: 32
- o maximale Anzahl von Programmschritten je Trigger: 126

5.5.3 Multimeter (MTM)

Das Multimeter ermöglicht das Messen von Spannung, Strom und Widerstand. Die Einstellung des Multimeters kann sowohl über den seriellen Bus als auch über die Bedienung erfolgen. Bei der Definition einer Datenverbindung wird überprüft, ob die physikalischen Größen übereinstimmen. Falls dies nicht der Fall ist, wird eine Abbildungsvorschrift verlangt.

Bei einer bestehenden Datenübertragung werden nur dann die Meßwerte übertragen, wenn sie vom vorhergehenden Meßwert abweichen. Es wird dabei nur der reine Zahlenwert weitergegeben, da die gesamten Einstellparameter und die physikalische Größe beim Kommunikationspartner bekannt sind.

Darüber hinaus besitzt das Multimeter wie jede Datenquelle eine Triggerfunktion, die in Verbindung mit dem Versuchsmanager das einmalige oder zyklische Starten einer Ablaufsequenz ermöglicht.

Leistungsdaten:

- o Meßraten: 20 Messungen je Sekunde
- o 4 1/2stellige Digitalanzeige
- o Überlastsicherung (10 A ungesichert)
- o manuelle/automatische Bereichsumschaltung

5.5.4 Programmierbare Kleinspannungsausgabe (KSA)

Die Kleinspannungsausgabe kann von Hand oder über den Systembus eingestellt werden. Die Ausgabewerte von Strom und Spannung werden gespeichert, so daß nur dann Datenübertragungen notwendig sind, wenn sich der Ausgabewert ändert.

Bei der Einstellung eines Datalinks wird überprüft, ob die physikalischen Größen übereinstimmen. Ist dies nicht der Fall, wird eine Abbildungsvorschrift verlangt.

Die Ausgabewerte werden auf der Anzeige dargestellt. Dabei ist es möglich, daß Strom oder Spannung aufgrund der äußeren Beschaltung nicht den maximal vorgegebenen Wert erreichen. Dies wird bei der Anzeige gekennzeichnet.

Leistungsdaten:

- o galvanisch getrennte Ausgänge
- o Spannung 0,0 bis 35 V DC
- o Strom 0,0 bis 2,00 A
- o Restwelligkeit 0,2 %
- o Ansteuerfrequenz 10 Hz
- o Ausgabefrequenz 1 kHz

5.5.5 Regler (RGL)

Als Regler wurde eine Grenzwertüberwachung und ein Zweipunktregler realisiert. Die Grenzwertüberwachung überprüft, ob ein Wert innerhalb von vorgegebenen Grenzen bleibt. Aus dieser Überprüfung wird eine Ausgabegröße abgeleitet, die vom Wert her frei ist.

Der Ist-Wert wird dem Regler über die Datenübertragung zugeführt. Die zu überwachenden Grenzen können sowohl über Datenübertragung als auch durch Handeingabe eingestellt werden. Da die Grenzen frei wählbar sind, können sie auch im System zeitvariant ausgeführt werden. Dadurch werden sehr große Anwendungsmöglichkeiten erschlossen. Bei der Eingabe der Datenkopplung sowohl der Eingabedaten als auch der Sendedaten wird überprüft, ob die physikalischen Größen mit dem Kommunikationspartner übereinstimmen. Ist dies nicht der Fall, wird eine Abbildungsvorschirft verlangt.

Leistungsdaten:

- o Zweipunktregler
- o Dreipunktregler

5.6 Mechanik und Gehäuse

Die in den Bildern 5.5 - 5.7 dargestellten Geräte und Komponenten bilden eine Basisvariante, abgestimmt auf den Realisierungsaufwand. Bei den Modulen sind an der Ober- und Unterseite Kühlrippen angebracht, zwischen denen sich Lüftungsschlitze befinden. Dadurch soll eine genügende Kühlung der Elektronik gewährleistet werden.

Bild 5.5: Gesamtansicht des Gerätesystems

Das Frontteil ist aus einem tiefgezogenen Kunststoffteil hergestellt. In ihm sind die Anzeige und die Tastatur untergebracht. Der Gehäusekörper ist aus einem käuflichen Strangprofil hergestellt. An dieses Strangprofil werden die Kühlrippen befestigt und die Lüftungsschlitze eingefräst. In diesem Gehäuseteil befinden sich die benötigten Platinen mit der zugehörigen Backplain. Doppelmodule werden durch Modifizierung und Aneinanderreihung der Strangprofile hergestellt.

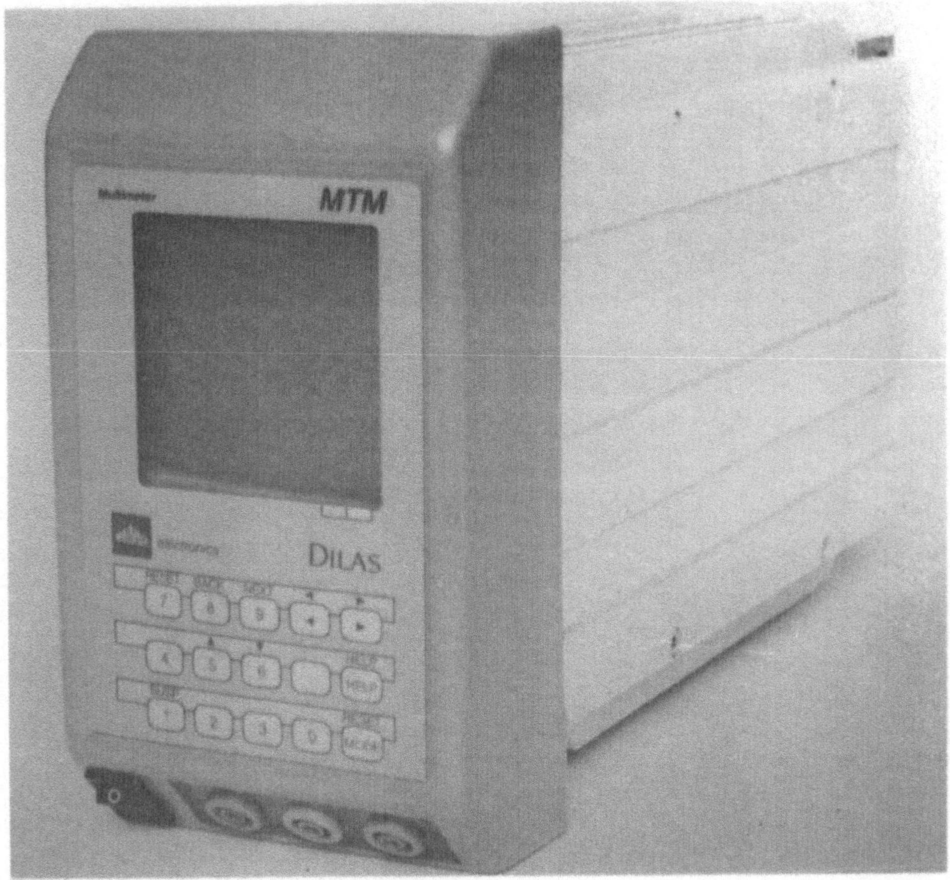

Bild 5.6: Ansicht eines Multimeters

Auf der Rückseite befindet sich eine Abdeckplatte, auf der der Powerblock befestigt ist. Zur Verbindung mit dem Systembus befindet sich dort auch der entsprechende Stecker.

Der Systembus ist aus einem entsprechend geformten Blech mit Abdeckplatte hergestellt. Auf dieser Abdeckplatte sind der Systembus, der Buskoppler und die Steckkontakte befestigt.

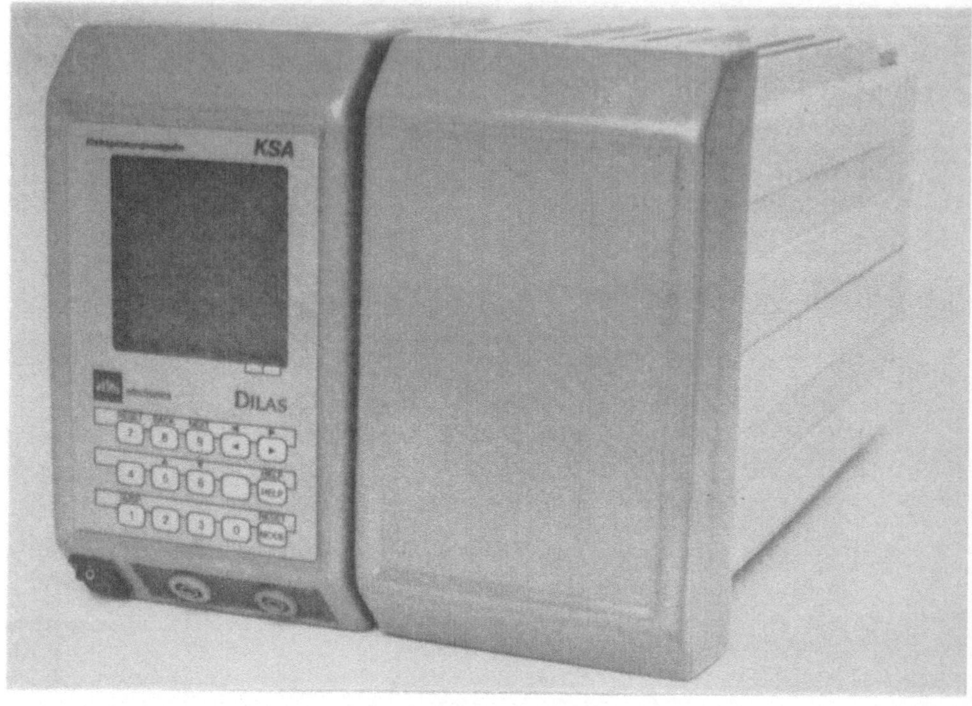

Bild 5.7: Ansicht einer Kleinspannungsausgabe

6 Erprobung und Anwendung

Bei dem als Denonstratinsbeispiel realisierten Versuch handelt es sich um eine automatisierte Zwei-Säulen-Mitteldruckchromatographie zur schnellen Trennung komplexer Gemische hochmolekularer biologischer Verbindungen. An diesem Beispiel kann sehr gut die Funktionalität und die Variabilität des Systems aufgezeigt werden.

6.1 Demonstrationsbeispiel Zwei-Säulen-Mitteldruckchromatographie

Die Reinigung biologischer Moleküle ist umso erfolgreicher, je mehr unterschiedliche Trennkriterien in der Reinigung Anwendung finden. Der Demonstrationsversuch beschränkt sich zunächst auf die Kopplung zweier unterschiedlicher Trennkriterien (siehe Bild 6.1):

- o GELFILTRATION, Auftrennung der Probe nach Molekulargewicht
- o IONENAUSTAUSCHCHROMATOGRAPHIE, Auftrennung der Probe nach Ladung

Die Probe soll bei diesem Beispiel ein Gemisch aus Rattenhämoglobin und einem niedermolekularen Eisenkomplex sein. Im Gegensatz zu anderen Säugetierhämoglobinen stellt Rattenhämoglobin keine einheitliche Fraktion dar, sondern ist aus mehreren Hämoglobinen zusammengesetzt, die sich zwar nicht im Molekulargewicht, jedoch in ihrer Ladung unterscheiden. Dies führt zu folgendem Verlauf der Trennung:

Gelfiltration /76/:
Im Verlauf der Gelfiltration wird der hochmolekulare Bestandteil der Probe, das Rattenhämoglobin, als Gesamtfraktion von dem niedermolekularen Bestandteil der Probe, dem Eisenkomplex, abgetrennt. Das Rattenhämoglobin verläßt die Säule zuerst und wird direkt an die Ionenaustauschchromatographie weitergeleitet. Der niedermolekulare Eisenkomplex verläßt die Säule deutlich später, wird abgetrennt und verworfen.

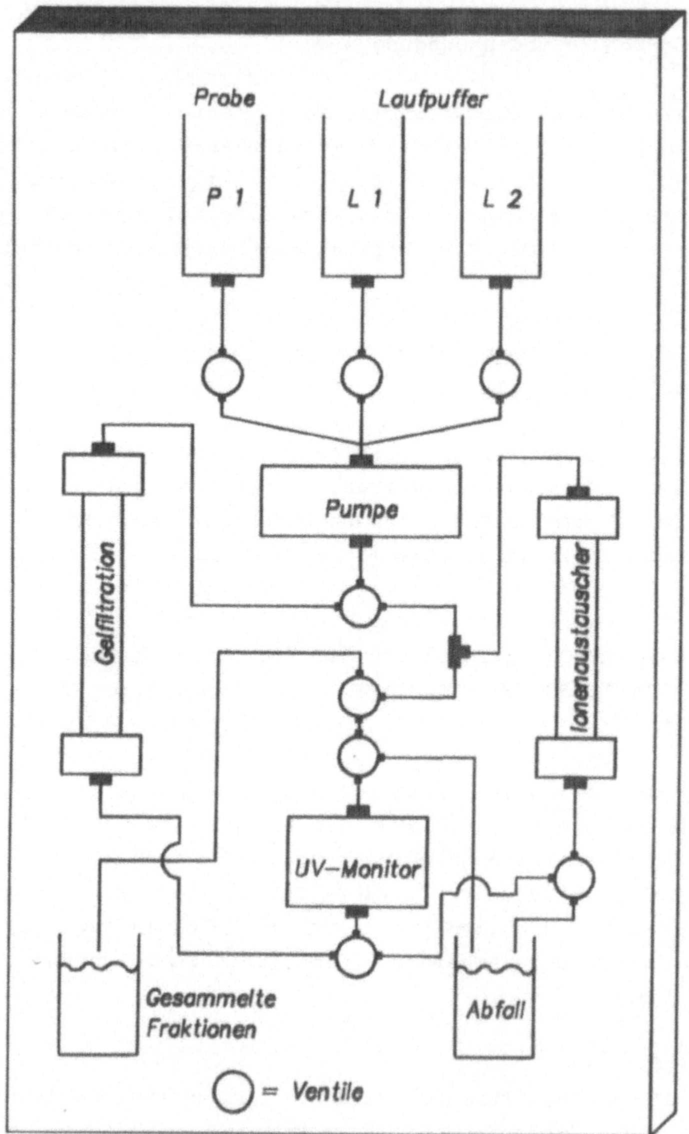

Bild 6.1: Demonstrationsversuch für die Erprobung

Ionenaustauschchromatographie /77/:
Durch die Wahl eines geeigneten Laufmediums (pH des Puffers) wird nur der Anteil der Rattenhämoglobingesamtfraktion auf dem Ionenaustauscher gebunden, der in seiner Ladung mit der durch den pH des Puffers beeinflußbaren Ladung des Ionenaustauschermaterials

korrespondiert. Der unter den gewählten Bedingungen nicht bindungsfähige Anteil an Rattenhämoglobin passiert die Säule. Anschließend wird die an den Ionenaustauscher gebundene Rattenhämoglobinfranktion als definierte Fraktion eluiert und aufgefangen.

Ein wesentlicher Grund für den Wunsch nach Automatisierung von Säulenchromatographien ist neben dem Wunsch nach Reproduzierbarkeit die Tatsache, daß verschiedene Chromatographieschritte, wie hier anhand der Gelfiltration aufgezeigt, gemessen an dem Gesamtvolumen eine zu geringe Kapazität haben. Dies bedeutet, daß der gesamte Vorgang bzw. Teilvorgänge sehr häufig wiederholt werden müssen bis die Probe insgesamt aufgearbeitet ist. Wird dieses Verfahren manuell durchgeführt, so ist es für den Betreiber außerordentlich zeitintensiv.

Für den Versuch benötigte Geräte:

- o Systembuselemente
- o Busmanager
- o Versuchsmanager
- o elektrisches Multimeter
- o 3 Regler
- o ansteuerbare Steckdosen (8)

- o Mitteldruckpumpe
- o UV-Durchflußmonitor
- o diverse Wegeventile

- o 2 FPLC-Säulen
- o verschiedene Gefäße und Schläuche etc.

Das Multimeter mißt das Ausgangssignal des UV-Durchlaufmonitors. Dadurch wird eine Peekerkennung möglich. Die Regler sind als Zwei-Punktregler eingestellt und überwachen das Multimetersignal. An die Steckdosen sind die Pumpe und die Ventile angeschlossen.

6.2 Ablauf des Versuches

Der gesamte Versuchsablauf wird in Regelschritten beschrieben.

Regelschritt 1:
Im Regelschritt 1 erfolgt der Probenauftrag auf die Gelfiltration. Das Medium wird von der Gelfiltration weiter über den Monitor in den Abfallbehälter geleitet. Dieser Probenauftrag erfolgt für eine bestimmte Zeit, die bei Förderleistung der Pumpe einer definierten Menge entspricht.

Regelschritt 2:
Der Laufpuffer L1 wird über die Gelfiltration und Monitor in den Abfall geleitet. Dabei durchlaufen die hochmolekularen Probenanteile schneller die Gelfiltration, niedermolekulare Probenanteile laufen langsamer. Am Ansteigen des Monitorsignals läßt sich erkennen, daß die hochmolekularen Probeanteile die Gelfiltration verlassen.

Regelschritt 3:
Der Laufpuffer L1 wird über die Gelfiltration, Monitor und den Ionenaustauscher auf den Abfall geleitet. Dabei wird ein Teil der Probe in dem Ionenaustauscher absorbiert. Dies erfolgt solange, bis das Monitorsignal einen definierten Wert unterschreitet.

Regelschritt 4:
Die hochmolekulare Probe hat nun die Gelfiltration passiert. Im weiteren Verlauf passieren die niedermolekularen Anteile der Probe den Monitor. Das Monitorsignal ist dabei ohne Bedeutung. Nach einem Zeitkriterium kann dieser Regelschritt abgeschlossen werden.

Regelschritt 5:
Der Laufpuffer L1 wird über die Gelfiltration, Monitor und Ionenaustauscher in den Abfall geleitet. Damit werden die beiden Säulen gewaschen. Dieser Vorgang ist ebenfalls nach einer bestimmten Zeit abgeschlossen.

Die Regelschritte 1 bis 5 werden zur Akkumulation der Probe auf dem Ionenaustauscher mehrmals wiederholt.

Regelschritt 6:
Der Laufpuffer L2 wird über den Ionenaustauscher und den Monitor in den Abfall geleitet. Dabei wird das Monitorsignal überwacht.

Der nächste Regelschritt wird eingeleitet, wenn das Monitorsignal einen bestimmten Wert überschreitet.

Regelschritt 7:
Der Laufpuffer L2 wird über den Ionenaustauscher und den Monitor in die Fraktion geleitet. Dabei wird der gewünschte Teil der Probe aus dem Ionenaustauscher ausgewaschen. Unterschreitet das Monitorsignal einen bestimmten Wert, so wird der nächste Regelschritt eingeleitet.

Regelschritt 8:
Der Laufpuffer L2 wird über den Ionenaustauscher und den Monitor in den Abfall geleitet. Damit wird der Ionenaustauscher gewaschen. Nach einer festen Zeit kann der nächste Regelschritt erfolgen.

Regelschritt 9:
Der Laufpuffer L1 wird über den Ionenaustauscher und den Monitor in den Abfall geleitet. Damit wird ein Äquilibrieren des Ionenaustauschers vorgenommen. Nach einer festen Zeit kann der nächste Regelschritt erfolgen.

Nach Abschluß des Regelschrittes 9 kann mit dem Regelschritt 1 wieder begonnen werden.

Zur Realisierung dieses Ablaufes sind 6 Triggerzyklen und ein Startschritt notwendig. Dabei handelt es sich um 4 Triggerfunktionen, die Werte überwachen und 2 sogenannte Zeittrigger, welche über Zeitkriterien bzw. Startbefehle angesteuert werden können.

Der Zeittrigger 1 ist mit einer festen Wiederholungszahl versehen. Diese Wiederholungszahl entspricht den Wiederholungszyklen der Schritte 1 bis 5. Die zugehörige Sequenz leitet die Probe über die Gelfiltration und den Monitor auf den Abfall. Nach einer festen Zeit wird der Laufpuffer L1 über die Gelfiltration und den Monitor auf den Abfall geleitet und der Trigger im Multimeter freigegeben. Als Zyklusende für die Wiederholungszyklen ist der Befehl zur Freigabe des Zeittriggers 2 eingegeben.

Ein Trigger überwacht das vom Multimeter gemessene Signal. Er wird ausgelöst, wenn dieses Signal einen bestimmten Wert überschreitet. Dieser Trigger erkennt, wann die hochmolekularen Bestandteile der Probe die Gelfiltration verlassen haben und den Monitor passieren. Die entsprechende Triggersequenz steuert den Laufpuffer L1 über die Gelfiltration, den Monitor, den Ionenaustauscher zum Abfall. Darüber hinaus gibt dieser Trigger den Trigger für den Regler 1 frei.

Der Trigger in Regler 1 überwacht das vom Multimeter gemessene Signal auf Unterschreiten einer bestimmten Grenze. Dies dient zur Erkennung, wann die hochmolekularen Bestandteile der Probe die Gelfiltration und den Monitor ganz passiert haben. Die Triggersequenz von diesem Trigger steuert den Laufpuffer L1 über die Gelfiltration, den Monitor auf den Abfall. Eine festgelegte Zeit später wird der Laufpuffer L1 über die Gelfiltration, den Monitor und den Ionenaustauscher auf den Abfall geleitet. Damit wird der Ionenaustauscher gewaschen. Nach einer festen Verzögerung wird der Zeittrigger 1 auf enable geschaltet.

Der Zeittrigger 2 ist beliebig oft wiederholbar und über enable steuerbar. Seine Sequenz steuert den Laufpuffer L2 über den Ionenaustauscher und den Monitor auf den Abfall. Damit wird die gewünschte Probe aus dem Ionenaustauscher ausgewaschen. Gleichzeitig wird der Trigger des Reglers 2 freigegeben.

Der Trigger im Regler 2 überwacht über das Multimeter das Monitorsignal. Er erkennt am Überschreiten einer bestimmten Grenze, ob die gesuchte Probe den Ionenaustauscher verlassen und den Monitor passiert hat. Seine Sequenz steuert den Laufpuffer L2 über den Ionenaustauscher und den Monitor zur Fraktion. Dort wird die gesuchte Probe gesammelt. Gleichzeitig wird der Trigger im Regler 3 freigegeben.

Der Trigger im Regler 3 überwacht das Monitorsignal auf Unterschreiten einer bestimmten Grenze. Er erkennt damit, ob die gesuchte Probe den Ionenaustauscher und den Monitor ganz passiert hat. Die Sequenz steuert den Lösepuffer L2 über den Ionenaustauscher und den Monitor zum Abfall. Damit wird der Ionenaustauscher gewaschen. Nach einer festen Zeit wird der Laufpuffer L1 durch den Ionenaustauscher und den Monitor auf den Abfall geleitet. Dies dient zum Äquilibrieren des Ionenaustauschers. Wiederum nach einer festen Zeit wird der Zeittrigger 1 neu gestartet. Dies bedeutet, daß der Zeittrigger 1 wieder für die festgelegte Zahl der Wiederholungen zur Verfügung steht.

Als Startsequenz, die in Echtzeit eingegeben werden kann, wird die Pumpe eingeschaltet und der Zeittrigger 1 freigegeben. Diese Sequenz wird nur einmal durchlaufen.

Schon bei diesem Beispiel zeigt es sich, daß der Regler sinnvoll als Multifunktionsmodul realisiert werden sollte. Dies würde bedeuten, daß eine gewisse Anzahl dieser einfachen Funktionen innerhalb eines Gerätemoduls vorhanden sein würden.

6.3 Erweiterungsmöglichkeiten

Als erstes soll hier eine Erweiterung auf einen Versuch mit 3 Säulen diskutiert werden. Für diese Erweiterung sind 2 zusätzliche Regler und entsprechende Ventile zur Steuerung des Probenflusses notwendig. Darüber hinaus sind zur Ansteuerung der Ventile zusätzliche ansteuerbare Steckdosen zur Verfügung zu stellen. Dabei bleiben die Verkettungen der alten Geräte erhalten. Die neuen Regler erhalten ihren Istwert vom Multimeter. Die Steckdosen werden weiterhin durch Triggersequenzen angesteuert. Bei dieser Erweiterung ist zur Automatisierung des Ablaufes eine weitere Zeittriggersequenz und 2 weitere Wertetriggersequenzen notwendig. Der Aufbau dieser Sequenzen entspricht den schon vorhandenen Sequenzen. Dabei wird auch deutlich, wie über die Funktionalität der Ansteuerung dieser Sequenzen eine Kaskadierung und Verschachtelung möglich wird.

Eine weitere Variation des Versuches ergibt sich dann, wenn z. B. eine andere Fraktion innerhalb der Probe getrennt werden soll. In diesem Fall ist u. U. ein zweiter UV-Monitor notwendig. Als Änderung zum ersten Versuch ergibt sich dann, daß statt einem Multimeter und 3 Reglerfunktionen 2 Multimeter und 2 Regler benötigt werden. Dabei sendet immer ein Multimeter seinen Meßwert an einen Regler als Istwert. Dies bedeutet, daß eine andere Verknüpfung der Geräte vorliegt.

Die zur Automatisierung dieses geänderten Versuches notwendigen Sequenzen sind bis auf die Gerätefunktionsadressierung identisch. Diese Änderung ergibt sich durch das zweite Multimeter.

6.4 Anpassung an die Bedürfnisse im Ausbildungsbereich

Durch die einfache Erweiterbarkeit bei der Versuchsüberwachung und Automatisierung wird ein schrittweiser Ausbau von Versuchen einfach möglich. Dies führt dazu, daß mit einem einfachen übersichtlichen Versuch begonnen werden kann und mit den Erkenntnissen, die über die Abhängigkeiten im Versuch gewonnen werden, eine schrittweise Erweiterung durchgeführt werden kann. Dies könnte z. B. eine zusätzliche Überwachung von Betriebsparametern oder die Zusammenfassung mehrerer elementarer Versuchsschritte sein.

Über eine übergeordnete Komponente wie einen Laborrechner wird eine Überwachung der Geräteverknüpfungen möglich. Durch eine spezielle Funktion könnte dabei auch die Kontrolle der eingegebenen Sequenzen erschlossen werden. Dies erscheint vor allem im Ausbildungsbereich notwendig. Durch Fernbedienung und Programmierung können darüber hinaus am Ausbildungsplatz unterschiedliche Realisierungsbeispiele zur Verfügung gestellt werden.

7 Bewertung der durchgeführten Arbeiten

Die gesamte Arbeit gliedert sich in einen ersten wissenschaftlich-analytischen und in einen zweiten ingenieurtechnischen Teil.

Der erste Teil ist dabei die analytische Untersuchung von Arbeitsmitteln, Arbeitsweise und Arbeitsinhalten im Labor, sowie die Ableitung der Anforderungen an ein Gerätesystem mit anschließender Generierung der Systemeigenschaften wie Funktionalität, Variabilität und Bedienung aus den ermittelten Gesetzmäßigkeiten. Dieser Teil stellt somit die eigentliche wissenschaftliche Leistung dar und leitet mit zunehmender Detailierung der Aussagen in einen ingenieurtechnischen Teil über.

Dieser zweite Teil ist zum einen gekennzeichnet durch die Übertragung der Systematik für das Gesamtsystem in die Geräte- und Modulebene, zum andern durch die Umsetzung der Anforderungen an das System und dessen Komponenten in realisierbare Einheiten und Funktionen. Damit soll erreicht werden, daß sowohl die Realisierbarkeit als auch die Anwendungsnähe überprüft werden kann. Insbesodere die Anwendungsnähe läßt sich anhand des Demonstrationsversuchs aufzeigen. Dieser abschließende Realisierungsteil ist wegen der erst dann möglichen Bewertung der gesamten Arbeit gesondert zu betrachten.

7.1 Bewertung des Gerätesystems

Das in dieser Arbeit vorgestellte Gerätekonzept und seine Realisierung berücksichtigt in allen Bereichen, ob Bedienung, Funktionalität, Variabilität oder Gehäuseformen, konsequent seinen Zielanwendungsbereich und ist in diesem Sinne ein völlig neuartiges Arbeitsmittel für das Labor. Dabei trägt es auch den generellen Tendenzen zur Dezentralisierung im Geräte- und Arbeitsbereich rechnung. Im Gegensatz zur nachfolgend durchgeführten qualifizierenden Bewertung ist eine quantifizierende erst nach einer längeren Erfahrung mit dem Systemeinsatz möglich und deshalb zu diesem Zeitpunkt nicht sinnvoll.

Die vorgestellte Konzeption kann nur eine Basiskonfiguration für eine Gesamtentwicklung sein. Dabei sollte die vorgeschlagene

Modularität und die Funktionalität als Leitfaden für weitere Geräte und Funktionen dienen. Eine derartige Gesamtentwicklung wird aber erst dann sinnvoll, wenn die hier konizpierte Mechanik, Kommunikation und Bedienung als Basis für eine Standardisierung betrachtet wird.

Durch die Transparenz der Versuchsdurchführung bis in die Einzelgeräteebene besteht neben den positiven Möglichkeiten der Fertigungssteuerung und Planung auch die Gefahr arbeitsrechtlicher Probleme durch Überwachung des Laboranten. Eine Überwachung könnte über ein derartiges Laborgerätesystem sehr weitgehend realisiert werden.

Durch die Gliederung in elementare Funktionen wird bei komplexen Anwendungen die gesamte Anordung relativ schnell unübersichtlich. Auf der anderen Seite war für die Entwicklung der gesamten Systematik dieses Betrachten der Elementarfunktionen eine wichtige Voraussetzung. Wie schon am Anwendungsbeispiel deutlich wird, erscheinen mit zunehmender Komplexität der Anbindung auch Geräte mit komplexen Funktionen notwendig, so daß bei diesen Anwendungen zunehmend Geräte mit Sonderfunktionen Einsatz finden.

7.1.1 Auswirkungen auf die Arbeitsweise

Durch die Unabhängigkeit zwischen Arbeitsinhalten und Gerätetechnik kann eine geringere Spezialisierung sowohl der Laborarbeitsplätze als auch des Laborpersonals im Sinne der Gerätebedienung erreicht werden. Dies folgt zum einen aus der universelle Einsetzbarkeit der Gerätetechnik, zum anderen aus dem Einsatz der gleichen Gerätetechnik vom ersten Vorversuch bis zur Umsetzung einer Versuchsanordnung in Technikumsmaßstab. Betrachtet man den großen Aufwand zur Vorbereitung eines Versuches /2/, so wird das dadurch erschlossene Einsparungspotential sehr deutlich.

Eine einfache Automatisierung von Einzelversuchen führt zu einer erheblichen zeitlichen Entlastung von Routine- und Langzeitversuchen. Bei Versuchszeiten von mehreren Stunden, wie sie z. B. in der Flüssigchronatographie häufig vorkommen, ist eine Bindung der Aufmerksamkeit des Laboranten über die gesamte Versuchsdauer nicht sinnvoll und nicht notwendig. Dies reduziert auch die

Notwendigkeit von Dienstleistungsbereichen. Durch eine derartige Entlastung des Laboranten wird diesem auch ein besserer Überblick über die Gesamtaufgabe ermöglicht, was letztendlich zur höheren Identifikation mit der Aufgabenstellung führt /78,79/.

Die Ausnutzung dieser Möglichkeiten hängt jedoch sehr stark von firmenspezifischen Vorgaben ab, so daß die Funktionalität und Transparenz des Gerätesystems auch die Gefahr der Einengung der Freiheitsgrade des Laboranten in sich birgt.

7.1.2 Voraussetzungen in der Laborplanung

Durch die Automatisierung vor Ort besteht ein geringerer Bedarf an zentralen Dienstleistungslabors. Darüber hinaus kann sich die Laboreinrichtung an eine standardisierte Gerätetechnik anpassen. Dies bezieht sich u. a. auf geeigneten Stauraum für nicht benutzte Geräte, Gerätebefestigungen und Kommunikation zwischen den Geräten.

Die Erschließung aller funktionalen Möglichkeiten und der Variabilität wird nur bei gleichzeitiger Einbeziehung der Gerätesystematik in die Laborplanung möglich. Die Vorteile der Variabilität stehen dem Laboranten jedoch nur dann zur Verfügung, wenn dieses Ziel auch von der Laborleitung verfolgt wird. Alternativ dazu könnte die Variabilität nur der Arbeitsvorbereitung zur Verfügung stehen, was sich dann nur auf die Reduzierung des Aufwandes für die Versuchsvorbereitung auswirkt.

7.1.3 Qualifikationsanforderungen

Durch Verwendung eines derartigen Gerätesystems, welches eine weitgehende Standardisierung der verwendeten Gerätetechnik darstellt, wird eine Verringerung des notwendigen gerätespezifischen Wissens erzielt. Damit verlagert sich der Schwerpunkt der Qualifikationsanforderungen in Richtung chemisch-physikalischer Zusammenhänge. Eine Dezentralisierung von Routinebereichen durch einfache Automatisierungsmöglichkeiten bei gleichzeitiger Entlastung des Laboranten erfordert eine höhere fachspezifische Qualifikation /80,81/. Dies wird vor allem durch eine höhere Variation der Arbeitsinhalte des einzelnen Laboranten hervorgerufen.

Der Einsatz eines solchen Laborgerätesystems kann jedoch nur zur erhöhten Qualifikationsanforderung führen, wenn dieses Ziel auch von der Fertigungsplanung selber verfolgt wird.

8 Zusammenfassung

Die gesamte Arbeit ist in einen wissenschaftlich-analytischen und einen ingenieurtechnischen Teil gegliedert und basiert auf den drei grundlegenden Untersuchungen:

- o theoretische Grundlagen,
- o Analyse der Arbeitsinhalte und
- o Stand der Technik.

Aus diesen Untersuchungen wurden die Anforderungen an ein Gerätekonzept ermittelt, sowie die Eigenschaften und Funktionen hergeleitet. Ausgehend von den theoretischen Grundlagen lassen sich Standardisierungen der Meß- und Steuerfunktionen ableiten. Die Analyse der Arbeitsinhalte ergab die Anforderungen an die Funktionalität und Variabilität für die Einzelgeräte und das Gesamtsystem. Aus den Betrachtungen bezüglich des Standes der Technik ergaben sich vor allem die Anforderungen an die Schnittstellen zum Versuch, zu einem übergeordneten System und die Bandbreite der Bedienfunktionen.

Aus den Ergebnissen dieser Arbeiten wurden die Systemeigenschaften des angestrebten Laborgerätesystems abgeleitet. Dies sind vor allem Standardisierungen im Bereich:

- o Gerätefunktionen,
- o räumliche Abmessungen,
- o Handhabung,
- o Schnittstellen,
  - vom Gerätesystem zum Bediener,
  - zwischen den Geräten,
  - vom Gerätesystem zu übergeordneten Systemen und
  - vom Gerätesystem zum Versuch.

Wesentlichstes Merkmal für das vorgestellte Laborgerätesystem ist die Modularisierung der Einzelfunktionen in Geräten bei gleichzeitiger räumlicher und funktionaler Variabilität innerhalb der Systemgrenzen. Diese Variabilität steht auch während des Betriebes zur Verfügung, wobei Änderungen immer nur in einem abgegrenzten Systembereich Auswirkungen haben können.

Mit fortschreitender Detailierung der Analysen und der Herleitung von Systemfunktionen und Eigenschaften wurden zumehmend gestalterische und realisierungsbezogene Festlegungen notwendig. Als Gerätemodul wurden:

- o Meßeinheiten,
- o Steuereinheiten,
- o Regler,
- o Ausgaben,
- o Einheiten für Sonderfunktionen und
- o Komponenten zur Systemkommunikation

realisiert. Dabei können diese Geräte in funktional (nicht räumlich) abgegrenzten Bereichen weitgehend beliebig Daten austauschen. Die Trennung in funktionale Bereiche, die durch Versuchsnummern abgegrenzt wurden, verhindert, daß unterschiedliche Benutzer sich gegenseitig unbeabsichtigt beeinflussen können.

Die Kommunikation der einzelnen Module erfolgt über ein serielles Bussystem und ist in Bussegmente integriert. In diese Bussegmente können die Einzelgeräte eingehängt und in die Kommunikation integriert werden. Durch die Möglichkeit Bussegmente aneinander zu reihen sind die Systemgrenzen weitgehend variabel.

Die Bedienung der Systemfunktionen und Gerätefunktionen erfolgt über eine einheitliche Bedienschnittstelle, wobei die geräte- und funktionsspezifische Parametereinstellung durch eine Bedienerführung in Formular- und Menütechnik unterstützt wird.

Anhand eines Demonstrationsbeispiels konnten die Möglichkeiten, aber auch die Einschränkungen aufgezeigt werden die sich durch die Konzeption und Realisierung ergeben. Das Realisierungsbeispiel sowie das Anwendungsbeispiel dient zur Verdeutlichung der geforderten Funktionalität und soll zur Absicherung der Konzeption und der Anwendungsnähe beitragen. Dabei stellt die Realisierung einen Kompromiß im Hinblick auf den Rahmen dar, in dem die Realisierung stattfand. Dieser Kompromiß bezieht sich auf die zur Verfügung stehenden Hilfsmittel und das zur Verfügung stehende Know-how.

9 Ausblick

Die Automatisierung im Einzelversuch führt in Verbindung mit der Kompatibilität zu einer anpassungsfähigen Automatisierung. Diese Anpassungsfähigkeit bezieht sich sowohl auf die Aufgabenstellung als auch auf die Komplexität der Automatisierungsaufgaben. Um diese Möglichkeiten dem Bediener verfügbar machen zu können, sind Weiterentwicklungen der Funktionalität im Bereich der Steuer-, Verkettungs- und Triggerfunktionen in Form von mächtigen Automatisierungsanweisungen notwendig. Darüber hinaus ist bei steigender Komplexität der Automatisierungsaufgabe ein Ausbau übergeordneter Steuerungsmöglichkeiten notwendig.

Schon bei der Bewertung der Konzeption aber auch bei der Betrachtung des Anwendungsbeispieles wurde deutlich, daß eine Entwicklungsnotwendigkeit für weitere Module besteht. Die hier vorgestellte Arbeit stellt einen möglichen Rahmen für diese Entwicklungen dar und soll Standardisierungen im Einzelgerätebereich anregen.

Weiterführende Entwicklungsnotwendigkeiten bestehen vor allem im Bereich der Systemfunktionen aber auch im Bereich der Einzelgeräte, wo Einheiten mit Sonderfunktionen eine Vereinfachung der Anwendung in verschiedenen Aufgabenbereichen ermöglichen.

Durch die Standardisierung in der Einzelgeräteebene wird eine Transparenz für eine übergeordnete Steuerfunktion möglich. Ziel ist dabei die Datenerfassung sowie die Erschließung von Fertigungsleitfunktionen und Fertigungsüberwachungsfunktionen. Wesentlich ist dabei, daß speziell bei der Datenerfassung eine Minimierung der möglichen persönlichen Fehler, z. B. bei einer Dateneingabe, erzielt werden kann.

RAM	Random Access Memory
RTC	Real-Time-Clock
ROM	Read-Only-Memory
SBA	System Bus Active
SCI	Seriell-Communication-Interface
SI	Systéme International d'Unités
VS	Verstärker

/11/ Sachs, L. Angewandte Statistik, Anwendung statistischer Methoden. 5. Aufl. Berlin u. a.: Springer, 1984

/12/ Bock, R. Methoden der analytischen Chemie: eine Einführung. Band 2: Nachweis- und Bestimmungsmethoden, Teil 1. Weinheim u. a.: Verlag Chemie, 1980

/13/ Schmittel, E.; Bouchee, G.; Less, W. R.: Labortechnische Grundoperationen. Weinheim u. a.: Verlag Chemie, 1984

/14/ Hegger, M.; Drake, F.: Anpassungsfähige Laboratorien (1). Biotechnische Umschau 1 (1977) H. 6, S. 166-173

/15/ Schärfe, J.; Mack, A.: Labor und Laborplanung, Zukünftige Trends und Anforderungen an das Labor. Labo (1985) H. 5, S. 300-303

/16/ Bock, R. Methoden der analytischen Chemie: eine Einführung. Band 2: Nachweis- und Bestimmungsmethoden, Teil 2. 1., Weinheim u. a.: Verlag Chemie, 1980

/17/ Schärfe, J.: Anpassungsfähige Laboratorien. Labor 2000 (1985), S. 88-91

/18/ ASTM Standards on Computerized Systems. Philadelphia: American Society for Testing and Materials, 1983

/19/ 1985 Annual book of ASTM Strandards, General Methods and Instrumentation. Philadelphia: American Society for Testing and Materials, 1985

/20/ Broekaert, J. A. C.: Atomspektrometrie mit Plasmen. Nachrichten aus Chemie, Technik und Laboratorium (1986) H. 5, S. M1-M23

/21/ Früh, K. F.: Prozeßleittechnik in der Chemischen Industrie. Automatisierungstechnische Praxis 28 (1986) H. 5, S. 237-242

/22/ Riethmüller, L.: Labordaten-Informations-Systeme - heute unumgänglich. LaborPraxis (1982) H. 10, S.1078-1087

/23/ Peters, R. W.: Informationshaushalte in Labor und Produktion. Chem.-Ing.-Tech. 57 (1985) H. 3, S. 210-218

/24/ Best, R.: Wege zur automatisierten Meßtechnik im Labor. Technisches Messen 52 (1985) H. 12, S. 434-446

/25/ Steinwand, M.: Ein neues HPLC-System mit trifunktionalem Detektor. LaborPraxis (1985) H. 10, S. 1137-1154

/26/ Bussemas, H. H.: Autosampler für die HPLC, Versuch einer Markübersicht. Labo (1985) H. 7, S. 881-890

/27/ Silverman, G.; Stundel, A.; Lehman, J.: The Modular Multiprozessor - A Model for Laboratory Instrument Design. IEEE Micro (1982) H. 2, S. 51-62

/28/ Lange, P.: Mit dem Mikroprozessor dosieren. Elektrotechnik 64 (1982) H. 5, S. 28-32

/29/ Beschreibung MDP-16 und MDP-160: Gerätebeschreibung. Sinsheim: Fa. Labomatik, 1985

/30/ Schuler, E.: Fortschritt in der Entwicklung, Die Rolle der Temperatur des Meßgutes bei der Eichung von Sauerstoff-Elektroden. Umweltmagazin (1980) H. 7, S. 28-30

/31/ Gilles, E. D.; Nicklaus, E.; Polke, M.: Sensortechnik in der Chemie - Status und Trends, Teil 2. Automatisierungstechnische Praxis 28 (1986) H. 10, S. 479-484

/32/ Glatzer, R.; Niklas, F.: Titrationszentrum mit Computerauswertung. LaborPraxis (1984) H. 1, S. 43-49

/33/ Lochmüller, C. H.; Cushman, M. R.; Lung, K. R.: Roboter im Labor. Nachrichten aus Chemie, Technik und Laboratorien (1985) H. 6, S. 482-492

/34/ Edited by: Hawk, G. L.; Hawk, G. L.; Strimatitis, J. R.: Advances in Laboratory Automation. Hopkinton: Robotics Zymark Corporation, Inc., 1984

/35/ Ziessow, D.: CIC: Computer intergriete Chemie. Nachrichten aus Chemie, Technik und Laboratorieen (1985) H. 12, S. 1057-1061

/36/ Kimpenhaus, W.: Labordatenverwaltung, ein Beispiel aus der Chemie. Technisches Messen (1986) H. 1, S. 3-9

/37/ Blomeyer-Bartenstein, H. P.; Both, R.: Datenkommunikation und lokale Computernetzwerke. 2. überarb. u. aktu. Aufl. Haar: Verlag Markt & Technik, 1985

/38/ Assenbaum, J.: Druckerschnittstelle à la Centronics. c't (1986) H. 10, S. 157-160

/39/ ANSI/IEEE Std 488: IEEE Standard Digital Interface for Progammabel Instrumentation. New York: Institut of Electrical and Electronics Engineers, 1978

/40/ Plate, J.: Schnittstellen, Bindeglied zur Peripherie. MC (1983) H. 7, S. 30-33

/41/ Klotz, G.: Bits im Gänsemarsch, Die RS-232-C-Schnittstelle. c't (1986) H. 12, S. 185-190

/42/ Stiehl, W. E.: Datenaustausch in automatisierten Meßsystemen. Automatisierungstechnische Praxis 53 (1986) H. 4, S. 128-132

/43/ Freedman, M. D.; Evans, L. B.: Designing Systems with Microcomputers. New Jersey: Prentice-Hall, 1983

/44/ Kochhar, A. K.; Bruns, N. D.: Mikroprocessors and their Manufacturing Applications. London: Arnold, 1983

/45/ Huet, B.; Martin, J.; Cornillot, P.: Design and Feasibility of a Flexible Computerized System for the Clinical Laboratory, Based on the IEEE 488 Standardized Interface. Comput. Biol. Med. 12 (1982) H. 3, S. 233-240

/46/ Hettinger, Th.: Heben und tragen von Lasten. Bonn: Bundesministerium für Arbeit Sozialordnung, 1981

/47/ Grandjean, E.: Physiologische Arbeitsgestaltung. 3. erw. Aufl. Thun: Ott, 1979

/48/ Geiser, G.: Systematik zur ergonomischen Gestaltung der Mensch-Maschine-Kommunikation. ntz (1983) H. 9, S. 582-586

/49/ Eckelmann, G.; Mellert, F. T.: Erfahrungen mit der Entwicklung von maßgeschneiterten Mikrorechnersystemen. Automatisierungstechnische Praxis (1986) H. 2, S. 57-64

/50/ Baum, E.: Mit dem Bitbus auf dem Weg in die Zukunft verteilter Systeme. mini Micro magazin (1985) H. 12, S. 72-79

/51/ Pfleger, J.: Kommunikationssytem Feldbus. Automatisierungstechnische Praxis 28 (1986) H. 5, S. 223-227

/52/ Hegger, D.; Steusloff, H.; Syrbe, M.: Echtzeitsystem mit verteilten Mikroprozessoren. Bonn: BMFT Forschungsbericht DV 79-01, 1979

/53/ Fleck, K.(Hrsg.): Digitale Prozeßdaten-Kommunikations-Systeme. Berlin: VDE, 1980

/54/ Plasch, D.: Numerische Steuersysteme, Standardisierte Softwareschnittstellen in Mehrprozessor- Steuersystemen. Berlin u. a.: Springer, 1983. Zugl. Stuttgart, Universität, Diss., 1982

/55/ Breimesser, F.: Konzepte für Eigentest und automatische Korrekturen in Meßeinrichtungen. Technisches Messen 53 (1986) H. 4, S. 133-137

/56/ Bernhardt, D.; Birzele, P.; Buchmann, K.; Geitz, G.; u. a.: Design eines fehlertolerierenden Multimikrocomputer-Systems. Bonn: BMFT Forschungsbericht DV 80-005, 1980

/57/ Freytag, M.: Datenkommunikation in der Leittechnik. Automatisierungstechnische Praxis 28 (1986) H. 5, S. 215-222

/58/ Laumann, G.: Meßwertaufbereitung in "intelligenten" Eingabegeräten eines Prozeßleitsystems. Technisches Messen 53 (1986) H. 4, S. 142-145

/59/ Hilberg, W.; Pilot, R. (Hsrg.): Mikroprozessoren und ihre Anwendungen, 2. Darmstädter Kolloqium. München: Oldenbourg, 1979

/60/ Entwurf DIN ISO 7498: Information Processing Systems - Open Systems Interconection - Basic Reference Model. 1982

/61/ DIN 66221: Bitorientiertes Steuerungsverfahren zur Datenübermittlung HDLC, Aufbau des Datenübertragungsblocks. 1980

/62/ IEEE 802.4: Lokal Area Network Standards. 1983

/63/ Funk, G.: Codierungsverfahren und Datensicherung. In: Handbuch Serielle Bussysteme, BW 38-47-03/ VDI-Bildungswerk Düsseldorf: VDI-Bildungswerk, 1985, BW 6349

/64/ Fasol, K. H.; Vinggron, P.: Synthese industrieller Steuerungen. München: Oldenbourg, 1975

/65/ Zaks, R.; Lesea, A.: Mikroprozessor-Interface-Techniken. Markdorf: MSB, 1980

/66/ Tieze, U.; Schenk, Ch.: Halbleiter-Schaltungstechnik. 5. Aufl. Berlin u. a.: Springer, 1980

/67/ Wendt, S.: Entwurf komplexer Schaltwerke. Berlin u. a.: Springer, 1974

/68/ Winkler, P.: Anforderungsbeschreibung mit Netzmodellen. Automatisierungstechnische Praxis 28 (1986) H. 1, S. 32-39

/69/ Winkler, P.: Anforderungsbeschreibung mit Netzmodellen, Teil 2. Automatisierungstechnische Praxis 28 (1986) H. 2, S. 94-98

/70/ Hück, A.: Verbesserung der Zuverlässigkeit und Verfügbarkeit von Prozessleitsystemen. Automatisierungstechnische Praxis 28 (1986) H. 2, S. 75-93

/71/ Platz, G.: Methoden der Software-Entwicklung. München u. a.: Hanser, 1983

/72/ Welsh, J.; McKeag, M.: Strukturierte Systemprogrammierung. München u. a.: Hanser, 1981

/73/ DIN 1301 T1: Einheiten; Einheitennamen; Einheitenzeichen. 1978

/74/ NN: Formelgrößen, Einheiten, Tabellen, Schaltzeichen. Berlin u. a.: AEG-Telefunken, 1979

/75/ NN: Die neuen Einheiten. Berlin u. a.: AEG-Telefunken, 1977

/76/ Schwedt, G.: Chromatographische Trennmethoden. Stuttgart: Thieme, 1979

/77/ Weiß, J.: Handbuch der Ionenchromatographie. Weinheim: VCH Verlagsgesellschaft, 1985

/78/ Hoppe, M.; Erbe, H.(Hrsg.): Neue Qualifikationen - alte Berufe. 2. Aufl. Wetzlar: Jungarbeiterinitiative an der Werner-von-Siemens-Schule,1985

/79/ Ebel, S.: Das aktuelle Interview, Laborautomatisierung. GIT Fachz. Lab. (1983) H. 12, S. 1052-1053

/80/ Wüchner, W.: Anforderungen an das Personal beim Einsatz moderner Prozessleitsysteme. Automatisierungstechnische Praxis 28 (1986) H. 1, S. 13-18

/81/ Niemann, H.; Seitzer, D.; Schüßler, H. W.(Hrsg.): Mikroelektronik Information Gesellschaft. Berlin u. a.: Springer, 1983

IPA Forschung und Praxis

Schriftenreihe aus dem Institut für Produktionstechnik und Automatisierung, Stuttgart

Herausgeber: Prof. Dr.-Ing. H. J. Warnecke

Datenerfassung im Produktionsbereich
Von E. Bendeich. ISBN 3-7830-0117-8.
1977, 176 Seiten, kartoniert. 54,— DM

Methodenauswahl für die Materialbewirtschaftung in Maschinenbau-Betrieben
Von H. Graf. ISBN 3-7830-0136-6.
1977, 144 Seiten, kartoniert. 54,— DM

Systematische Auswahl von Förderhilfsmitteln für den innerbetrieblichen Materialfluß
Von W. Rau. ISBN 3-7830-0139-0.
1977, 103 Seiten, kartoniert. 40,— DM

Grundlagen zur Planung von Ersatzteilfertigungen
Von E. Schulz. ISBN 3-7830-0138-2.
1977, 98 Seiten, kartoniert. 40,— DM

Rechnerunterstützte Fabrikplanung
Von B. Minten. ISBN 3-7830-0116-1.
1977, 124 Seiten, kartoniert. 38,— DM

Eine Planungsmethode für automatische Montagesysteme
Von H.-G. Löhr. ISBN 3-7830-0120-X.
1977, 108 Seiten, kartoniert. 32,— DM

Planung und Bewertung von Arbeitssystemen in der Montage
Von H. Metzger. ISBN 3-7830-0131-5.
1977, 108 Seiten, kartoniert. 40,— DM

Klassifizierungssystem für Prüfmittel der industriellen Längenprüftechnik
Von R. Czetto. ISBN 3-7830-0144-7.
1978, 181 Seiten, kartoniert. 64,— DM

Rechnerunterstützte Montageplanung
Von O. Hirschbach. ISBN 3-7830-0149-8.
1978, 146 Seiten, kartoniert. 52,— DM

Rechnerunterstützte Entwicklung von Simulationsmodellen für Unternehmensplanspiele
Von A. Moker. ISBN 3-7830-0147-1.
1978, 181 Seiten, kartoniert. 64,— DM

Arbeitsplatzanalysen zur Ermittlung der Einsatzmöglichkeiten und Anforderungen an Industrieroboter
Von G. Herrmann. ISBN 37830-0151-X.
1978, 113 Seiten, kartoniert. 40,— DM

MFSP — Ein Verfahren zur Simulation komplexer Materialflußsysteme
Von G. Stemmer. ISBN 3-7830-0118-8.
1977, 140 Seiten, kartoniert. 60,— DM

Berührungslose Erkennung durch Positionsbestimmung von Objekten durch inkohärent-optische Korrelation
Von M. Konig. ISBN 3-7830-0137-4.
1977, 110 Seiten, kartoniert. 40,— DM

Auslegung von Störungspuffern in kapitalintensiven Fertigungslinien
Von R. v. Stetten. ISBN 3-7830-0140-4.
1977, 154 Seiten, kartoniert. 56,— DM

Flexible Transportablaufsteuerung
Von G. Römer. ISBN 3-7830-0114-5.
1977, 188 Seiten, kartoniert. 60,— DM

Rechnergestützte Realplanung von Fabrikanlagen
Von T.-K. Sauter. ISBN 3-7830-0119-6.
1977, 108 Seiten, kartoniert. 32,— DM

Systematisches Auswählen und Konzipieren von programmierbaren Handhabungsgeräten
Von R. D. Schraft. ISBN 3-7830-0115-3.
1977, 108 Seiten, kartoniert. 32,— DM

Auslandsproduktion
Von W. Cypris. ISBN 3-7830-0145-5.
1978, 126 Seiten, kartoniert. 42,— DM

Wirtschaftlicher Einsatz von Mehrkoordinatenmeßgeräten
Von M. Dietzsch. ISBN 3-7830-0148-X.
1978, 142 Seiten, kartoniert. 52,— DM

Fertigungssteuerung bei flexiblen Arbeitsstrukturen
Von K.-G. Lederer. ISBN 3-7830-0146-3.
1978, 128 Seiten, kartoniert. 42,— DM

Untersuchungen zum Polieren und Entgraten durch elektrochemisches Oberflächenabtragen
Von K. Zerweck. ISBN 3-7830-0150-1.
1978, 110 Seiten, kartoniert. 40,— DM

Stufenweise Ableitung eines praktischen Planungssystems für den Entwicklungsbereich
Von R. Hichert. ISBN 3-7830-0149-8.
1979, 151 Seiten, kartoniert. 52,— DM

Produktionsplanung mit Auftragsfamilien
Von U. W. Geitner. ISBN 3-7830-0161.7.
1979, 110 Seiten, kartoniert. 45,— DM

Thermisch-chemisches Entgraten
Von T. Wagner. ISBN 3-7830-0164-1.
1979, 111 Seiten, kartoniert. 45,— DM

Untersuchung der Materialflußkosten bei ausgewählten Systemen der Zentralen Arbeitsverteilung
Von R. Wenzel. ISBN 3-7830-0162-5.
1979, 168 Seiten, kartoniert. 86,— DM

Anpassung und Einführung eines Planungssystems für die Ablaufplanung im Konstruktionsbereich
Von W. Dangelmaier. ISBN 3-7830-0163-3.
1979, 168 Seiten, kartoniert. 80,— DM

Längenmessungen an bewegten Teilen mit berührungslos wirkenden Aufnehmern
Von H. Lang. ISBN 3-7830-0157-9.
1979, 89 Seiten, kartoniert. 42,— DM

Untersuchung multistabiler Strömungselemente und ihr Einsatz in sequentiellen Steuerungen
Von A. Ernst. ISBN 3-7830-0157-9.
1979, 122 Seiten, kartoniert. 48,— DM

Taktile Sensoren für programmierbare Handhabungsgeräte
Von M. Schweizer. ISBN 3-7830-0158-7.
1979, 91 Seiten, kartoniert. 42,— DM

Die rechnerunterstützte Prüfplanung
Von P. Blasing. ISBN 3-7830-0152-8.
1979, 100 Seiten, kartoniert. 44,— DM

Verfahren zur Fabrikplanung im Mensch-Rechner-Dialog am Bildschirm
Von W. Ernst. ISBN 3-7830-0156-0.
1979, 218 Seiten, kartoniert. 72,— DM

Rechnerunterstütztes Verfahren zur Leistungsabstimmung von Mehrmodell-Montagesystemen
Von M. Görke. ISBN 3-7830-0155-2.
1979, 139 Seiten, kartoniert. 50,— DM

Standortbezogene Betriebsmittel
Von G. Pflieger. ISBN 3-7830-0167-6.
1979, 127 Seiten, kartoniert. 52,— DM

Die betriebswirtschaftliche Beurteilung neuer Arbeitsformen
Von B.-H. Zippe. ISBN 3-7830-0168-4.
1979, 350 Seiten, kartoniert. 98,— DM

Untersuchung des Arbeitsverhaltens programmierbarer Handhabungsgeräte
Von B. Brodbeck. ISBN 3-7830-0169-2.
1979, 117 Seiten, kartoniert. 48,— DM

Untersuchung eines kohärent-optischen Verfahrens zur Rauheitsmessung
Von N. Rau. ISBN 3-7830-0174-9.
1979, 117 Seiten, kartoniert. 48,— DM

Entwicklung einer programmierbaren, pneumatischen Steuerung
Von D. Klemenz. ISBN 3-7830-0171-4.
1979, 93 Seiten, kartoniert. 42,— DM

IPA Forschung und Praxis

Berichte aus dem Fraunhofer-Institut für Produktionstechnik und Automatisierung, Stuttgart, und dem Institut für Industrielle Fertigung und Fabrikbetrieb der Universität Stuttgart

Herausgeber: Prof. Dr.-Ing. H. J. Warnecke

---

38 **Arbeitsgangterminierung mit variabel strukturierten Arbeitsplänen — Ein Beitrag zur Fertigungssteuerung flexibler Fertigungssysteme**
Von U. Maier. ISBN 3-540-10213-2.
1980, 111 Seiten mit 45 Abbildungen. 43,— DM

39 **Kapazitätsabgleich bei flexiblen Fertigungssystemen**
Von P. S. Nieß. ISBN 3-540-10372-4.
1980, 151 Seiten mit 57 Abbildungen. 48,— DM

40 **Schichtdickenverteilung auf galvanisierten Paßteilen am Beispiel kleiner abgesetzter Wellen und Bohrungen**
Von D. Wolfhard. ISBN 3-540-10373-2.
1980, 177 Seiten mit 83 Abbildungen 48,— DM

41 **Planung von Mehrstellenarbeit unter Berücksichtigung von Umfeldaufgaben**
Von S. Häußermann. ISBN 3-540-10374-0.
1980, 136 Seiten mit 59 Abbildungen 48,— DM

42 **Untersuchungen zur Schmierfilmdicke in Druckluftzylindern — Beurteilung der Abstreifwirkung und des Reibungsverhaltens von Pneumatikdichtungen mit Hilfe eines neu entwickelten Schmierfilmdicken-meßverfahrens**
Von R. Köhnlechner. ISBN 3-540-10375-9
1980, 100 Seiten mit 38 Abbildungen und 4 Tabellen. 43,— DM

43 **Typologie zum überbetrieblichen Vergleich von Fertigungssteuerungsverfahren im Maschinenbau**
Von G. Rabus. ISBN 3-540-10376-7
1980, 174 Seiten mit 88 Abbildungen und 21 Tafeln. 48,— DM

44 **System zur Planung des Umlaufbestandes in Betrieben mit Serienfertigung**
Von K.-G. Wilhelm. ISBN 3-540-10377-5.
1980, 142 Seiten mit 67 Abbildungen und 15 Tafeln. 48,— DM

45 **Rechnerunterstützte Arbeitsplanerstellung mit Kleinrechnern, dargestellt am Beispiel der Blechbearbeitung**
Von W Hoheisel. ISBN 3-540-10505-0
1981, 169 Seiten mit 74 Abbildungen. 48,— DM

46 **Beitrag zur Verbesserung der Wirtschaftlichkeit EDV-unterstützter Fertigungssteuerungssysteme durch Schwachstellenanalyse**
Von J. Lienert. ISBN 3-540-10506-9.
1981, 148 Seiten mit 37 Abbildungen 48,— DM

47 **Die Abscheidung von Öl an Entlüftungsöffnungen drucklufttechnischer Anlagen**
Von W.-D. Kiessling. ISBN 3-540-10604-9.
1981, 117 Seiten mit 48 Abbildungen und 3 Tabellen. 43,— DM

48 **Dynamische Optimierung technisch-ökonomischer Systeme**
Von J. Warschat. ISBN 3-540-10717-7.
1981, 132 Seiten mit 60 Abbildungen. 43,— DM

49 **Bildsensor zur Mustererkennung und Positionsmessung bei programmierbaren Handhabungsgeräten**
Von H. Geißelmann. ISBN 3-540-10735-5.
1981, 125 Seiten mit 52 Abbildungen. 43,— DM

50 **Verfügbarkeitsberechnung für komplexe Fertigungseinrichtungen**
Von Ekkehard Gericke. ISBN 3-540-10779-7.
1981, 132 Seiten mit 71 Abbildungen. 43,— DM

51 **Materialflußgestaltung in Fertigungssystemen**
Von Willi Rößner. ISBN 3-540-10888-2.
1981, 149 Seiten mit 76 Abbildungen. 48,— DM

52 **Beitrag zur Analyse der Auswirkungen der Mikroelektronik, dargestellt am Beispiel der Büromaschinen-Industrie**
Von Werner Neubauer. ISBN 3-540-10991-9.
1981, 145 Seiten mit 27 Abbildungen und 47 Tabellen. 43,— DM

53 **Modelle von Informationssystemen zur kurzfristigen Fertigungssteuerung und ihre Gestaltung nach betriebsspezifischen Gesichtspunkten**
Von Roland Gentner. ISBN 3-540-10992-7.
1981, 181 Seiten mit 69 Abbildungen und 7 Tabellen. 48,— DM

54 **Entwicklung von Verfahren zur Terminplanung und -steuerung bei flexiblen Montagesystemen**
Von Jürgen H. Kölle. ISBN 3-540-11227-8.
1981, 132 Seiten mit 64 Abbildungen und 1 Faltplan. 43,— DM

55 **Arbeits- und Kapazitätsteilung in der Montage**
Von Stefan Dittmayer. ISBN 3-540-11228-6.
1981, 124 Seiten und 56 Abbildungen. 43,— DM

56 **Beitrag zur systematischen Planung der Qualitätsprüfung bei Klein- und Mittelserienfertigung**
Von Herbert Babic. ISBN 3-540-11325-8
1982, 108 Seiten mit 38 Abbildungen und 7 Tabellen. 53,— DM

57 **Methode zur rechnerunterstützten Einsatzplanung von programmierbaren Handhabungsgeräten**
Von Uwe Schmidt-Streier. ISBN 3-540-11355-X.
1982, 188 Seiten mit 72 Abbildungen. 53.– DM

58 **Werkstoff- und Energiekennwerte industrieller Lackieranlagen, am Beispiel der Automobilindustrie**
Von Rainer Manfred Thiel. ISBN 3-540-11356-8.
1982, 116 Seiten mit 59 Abbildungen. 53.– DM

59 **Maßnahmen zum Verbessern der pneumatischen Lackzerstäubung – Teilchengrößenbestimmung im Spritzstrahl –**
Von Klaus Werner Thomer. ISBN 3-540-11507-2.
1982, 162 Seiten mit 94 Abbildungen und 1 Tabelle. 53.– DM

60 **Ermittlung und Bewertung von Rationalisierungsmaßnahmen im Produktionsbereich**
Von Jürgen Schilde. ISBN 3-540-11730-X.
1982, 158 Seiten mit 57 Abbildungen. 53.– DM

61 **Untersuchung von Verfahren der Reihenfolgeplanung und ihre Anwendung bei Fertigungszellen**
Von Mohamed Osman. ISBN 3-540-11747-4.
1982, 124 Seiten mit 32 Abbildungen und 3 Tabellen. 53.– DM

62 **Ein Simulationsmodell zur Planung gruppentechnologischer Fertigungszellen**
Von Volker Saak. ISBN 3-540-11747-4.
1982, 134 Seiten mit 53 Abbildungen. 53.– DM

63 **Verfahren zur technischen Investitionsplanung automatisierter Fertigungsanlagen**
Von Günter Vettin. ISBN 3-540-11747-4.
1982, 134 Seiten mit 63 Abbildungen. 53.– DM

64 **Pneumatische Sensoren zur prozeßsimultanen Messung des Werkzeugverschleißes und zur Kollisionsvermeidung beim Messerkopffräsen**
Von Wolfgang Jentner. ISBN 3-540-11747-4.
1982, 126 Seiten mit 47 Abbildungen und 6 Tabellen. 53.– DM

65 **Rechnerunterstützte Gestaltung ortsgebundener Montagearbeitsplätze, dargestellt am Beispiel kleinvolumiger Produkte**
Von Eberhard Haller. ISBN 3-540-12015-7.
1982, 130 Seiten mit 43 Abbildungen. 53.– DM

66 **Fernsehüberwachung von Schutzgasschweißvorgängen mit abschmelzender Elektrode MIG – MAG**
Von Ruprecht Niepold. ISBN 3-540-12181-7.
1983, 178 Seiten mit 73 Abbildungen und 5 Tabellen. 58.– DM

67 **Entwicklung flexibler Ordnungssysteme für die Automatisierung der Werkstückhandhabung in der Klein- und Mittelserienfertigung**
Von Karl Weiss. ISBN 3-540-12455-1.
1983, 116 Seiten mit 68 Abbildungen. 58.– DM

68 **Automatisierte Überwachungsverfahren für Fertigungseinrichtungen mit speicherprogrammierten Steuerungen**
Von Werner Eißler. ISBN 3-540-12456-X.
1983, 128 Seiten mit 66 Abbildungen. 58.– DM

69 **Prozeßüberwachung beim Galvanoformen**
Von Jürgen Wilhelm Böcker. ISBN 3-540-12457-8.
1983, 118 Seiten mit 32 Abbildungen. 58.– DM

70 **LAPEX – Ein rechnerunterstütztes Verfahren zur Betriebsmittelzuordnung**
Von Stephan Mayer. ISBN 3-540-12490-X.
1983, 162 Seiten mit 34 Abbildungen und 2 Tabellen. 58.– DM

71 **Gestaltung eines integrierten Produktionssystems für die Sortenfertigung unter Einsatz der Clusteranalyse**
Von Gerald Weber. ISBN 3-540-12650-3.
1983, 194 Seiten mit 54 Abbildungen. 58.– DM

72 **Gußputzen mit sensorgeführten, programmierbaren Handhabungsgeräten**
Von Eberhard Abele. ISBN 3-540-12651-1.
1983, 133 Seiten mit 66 Abbildungen. 58,– DM

73 **Untersuchungen zur Herstellung und zum Einsatz galvanogeformter Erodierelektroden**
Von Harald Müller. ISBN 3-540-12822-0.
1983, 148 Seiten mit 78 Abbildungen. 58,– DM

74 **Ein Beitrag zur Optimierung der Prozeßführungsstrategien automatisierter Förder- und Materialflußsysteme**
Von Hans Steffens. ISBN 3-540-12968-5.
1983. 161 Seiten mit 60 Abbildungen. 58,– DM

75 **Entwicklung eines Verfahrens zur wertmäßigen Bestimmung der Produktivität und Wirtschaftlichkeit von Personalentwicklungsmaßnahmen in Arbeitsstrukturen**
Von Christian Müller. ISBN 3-540-13041-1.
1983. 129 Seiten mit 34 Abbildungen. 58,– DM

76 **Berechnung der Gestaltänderung von Profilen infolge Strahlverschleiß**
Von Wolfgang Marx. ISBN 3-540-13054-3.
1983. 121 Seiten mit 58 Abbildungen. 58,– DM

77 **Algorithmen zur flexiblen Gestaltung der kurzfristigen Fertigungssteuerung**
Von Rudolf E. Scheiber. ISBN 3-540-13500-6.
1984, 150 Seiten mit 73 Abbildungen und 1 Tabelle. 63.– DM

78 **Galvanisieren mit moduliertem Strom**
Von Jürgen Wolfgang Mann. ISBN 3-540-13733-5.
1984, 145 Seiten und 58 Abbildungen. 63,– DM

79 **Fluoreszenzmeßverfahren zur Schmierfilmdickenmessung in Wälzlagern**
Von Wolfgang Schmutz. ISBN 3-540-13777-7.
1984, 141 Seiten und 66 Abbildungen. 63,– DM

IPA-IAO Forschung und Praxis

Berichte aus dem Fraunhofer-Institut für Produktionstechnik und Automatisierung (IPA), Stuttgart, Fraunhofer-Institut für Arbeitswirtschaft und Organisation (IAO), Stuttgart, und Institut für Industrielle Fertigung und Fabrikbetrieb der Universität Stuttgart

Herausgeber: Prof. Dr.-Ing. H. J. Warnecke und Prof. Dr.-Ing. H.-J. Bullinger

---

80 **Flexibilität und Kapazität von Werkstückspeichersystemen**
Von Bernhard Graf. ISBN 3-540-13970-2.
1984, 115 Seiten mit 71 Abbildungen. 63,– DM

T1 **Flexible Fertigungssysteme**
17. IPA-Arbeitstagung zusammen mit der 3. Internationalen Konferenz „Flexible Manufacturing Systems (FMS-3)“, ISBN 3-540-13807-2.
1984, 249 Seiten mit zahlreichen Abbildungen. 118,– DM

T2 **Integrierte Bürosysteme**
3. IAO-Arbeitstagung. ISBN 3-540-13978-8.
1984, 633 Seiten mit zahlreichen Abbildungen. 168,– DM

81 **Rechnerunterstützte Planung von Montageablaufstrukturen für Erzeugnisse der Serienfertigung**
Von Ernst-Dieter Ammer. ISBN 3-540-15056-0.
1985, 120 Seiten mit 1 Faltblatt und 33 Abbildungen. 63,– DM

82 **Flexibilität von personalintensiven Montagesystemen bei Serienfertigung**
Von Heinrich Vähning. ISBN 3-540-15093-5.
1985, 152 Seiten mit 49 Abbildungen. 63,– DM

83 **Ordnen von Werkstücken mit programmierbaren Handhabungsgeräten und Werkstückerkennungssensoren**
Von Ingo Schmidt. ISBN 3-540-15375-6.
1985, 111 Seiten mit 66 Abbildungen. 63,– DM

84 **Systematische Investitionsplanung**
Von Jorge Moser. ISBN 3-540-15370-5.
1985, 190 Seiten mit 69 Abbildungen. 63,– DM

T3 **Montage · Handhabung · Industrieroboter**
Internationaler MHI-Kongreß im Rahmen der Hannover-Messe '85. ISBN 3-540-15500-7.
1985, 267 Seiten mit zahlreichen Abbildungen. 128,– DM

85 **Flexible Montagesysteme – Konzeption und Feinplanung durch Kombination von Elementen**
Von Peter Konold / Bernd Weller. ISBN 3-540-15606-2.
1985, 162 Seiten mit 71 Abbildungen und 9 Tabellen. 63,– DM

T4 **Menschen · Arbeit · Neue Technologien**
4. IAO-Arbeitstagung zusammen mit der 2. Internationalen Konferenz „Human Factors in Manufacturing“. ISBN 3-540-15763-8.
1985, 442 Seiten mit zahlreichen Abbildungen. 168,– DM

86 **Leitstandunterstützte kurzfristige Fertigungssteuerung bei Einzel- und Kleinserienfertigung**
Von Lothar Aldinger. ISBN 3-540-15903-7.
1985, 151 Seiten mit 49 Abbildungen und 2 Tabellen. 63,– DM

87 **Bestimmen des Bürstenverhaltens anhand einer Einzelborste**
Von Klaus Przyklenk. ISBN 3-540-15956-8.
1985, 117 Seiten mit 74 Abbildungen. 63,– DM

88 **Montage großvolumiger Produkte mit Industrierobotern**
Von Jörg Walther. ISBN 3-540-16027-2.
1985, 125 Seiten mit 58 Abbildungen. 63,– DM

89 **Algorithmen und Verfahren zur Erstellung innerbetrieblicher Anordnungspläne**
Von Wilhelm Dangelmaier. ISBN 3-540-16144-9.
1986, 268 Seiten mit 79 Abbildungen. 68,– DM

90 **Bewertung der Instandhaltung von Fertigungssystemen in der technischen Investitionsplanung**
Von Hagen U. Uetz. ISBN 3-540-16166-X.
1986, 129 Seiten mit 38 Abbildungen. 68,– DM

91 **Entgraten durch Hochdruckwasserstrahlen**
Von Manfred Schlatter. ISBN 3-540-16172-4.
1986, 167 Seiten mit 89 Abbildungen und 18 Tabellen. 68,– DM

92 **Werkstückorientierte Verfahrensauswahl zum Gußputzen mit Industrierobotern**
Von Wolfgang Sturz. ISBN 3-540-16224-0.
1986, 156 Seiten mit 59 Abbildungen. 68,– DM

93 **Verfahren zur Verringerung von Modell-Mix-Verlusten in Fließmontagen**
Von Reinhard Koether. ISBN 3-540-16499-5.
1986, 175 Seiten mit 46 Abbildungen und 1 Tabelle. 68,– DM

94 **Entwicklung und Einsatz eines interaktiven Verfahrens zur Leistungsabstimmung von Montagesystemen**
Von Günter Schad. ISBN 3-540-16978-4.
1986, 120 Seiten mit 31 Abbildungen und 1 Tabelle. 68,– DM

95 **Qualifizierung an Industrierobotern**
Von Wolfgang Bachl. ISBN 3-540-17018-9.
1986, 218 Seiten mit 30 Abbildungen. 68,– DM

96 **Rechnersimulation des Beschichtungsprozesses beim Elektrotauchlackieren – Anwendung zum Berechnen des Umgriffs**
Von Otto Baumgärtner. ISBN 3-540-17102-9.
1986, 113 Seiten mit 42 Abbildungen. 68,– DM

97 **Ergonomische Gestaltung von Rotationsstellteilen für grob- und sensomotorische Tätigkeiten**
Von Werner F. Muntzinger. ISBN 3-540-17247-5.
1986, 135 Seiten mit 51 Abbildungen und 33 Tabellen. 68,– DM

98 **Die optische Rauheitsmessung in der Qualitätstechnik**
Von R.-J. Ahlers. ISBN 3-540-17242-4.
1986, 133 Seiten mit 56 Abbildungen und 2 Tabellen. 68,– DM

99 **Maschinelle Spracherkennung zur Verbesserung der Mensch-Maschine-Schnittstelle**
Von Gerhard Rigoll. ISBN 3-540-17350-1.
1986, 134 Seiten mit 55 Abbildungen. 68,– DM

100 **Konzeption und Auswahl modularer Magazinpaletten**
Von Thomas Zipse. ISBN 3-540-17584-9.
1987, 126 Seiten mit 54 Abbildungen. 68,– DM

101 **Anschlüsse an Kupferrohre – Herstellung und Automatisierungsmöglichkeit**
Von Eberhard Rauschnabel. ISBN 3-540-17807-4.
1987, 120 Seiten mit 88 Abbildungen. 68,– DM

102 **Mengen- und ablauforientierte Kapazitätsplanung von Montagesystemen**
Von Hans Sauer. ISBN 3-540-17815-5.
1987, 156 Seiten mit 64 Abbildungen. 68,– DM

103 **Verfahrensinstrumentarium zur Werkstückauswahl und Auslegung von Industrieroboterschweißsystemen**
Von Herbert Gzik. ISBN 3-540-17928-3.
1987, 138 Seiten mit 56 Abbildungen. 68,– DM

104 **Integration von Förder- und Handhabungseinrichtungen**
Von Joachim Schuler. ISBN 3-540-17955-0.
1987, 153 Seiten mit 61 Abbildungen. 68,– DM

105 **Produktionsmengen- und -terminplanung bei mehrstufiger Linienfertigung**
Von H. Kühnle. ISBN 3-540-18038-9.
1987, 124 Seiten mit 25 Abbildungen. 68,– DM

106 **Untersuchung des Plasmaschneidens zum Gußputzen mit Industrierobotern**
Von Jong-Oh Park. ISBN 3-540-18037-0.
1987, 142 Seiten mit 70 Abbildungen. 68,– DM

107 **Fügen von biegeschlaffen Steckkontakten mit Industrierobotern**
Von Daegab Gweon. ISBN 3-540-18134-2.
1987, 115 Seiten mit 13 Abbildungen. 68,– DM

108 **Entwicklung eines biomechanischen Modells des Hand-Arm-Systems**
Von Georgios Tsotsis. ISBN 3-540-18135-0.
1987, 163 Seiten mit 45 Abbildungen. 68,– DM

109 **Ein Beitrag zur Planungssystematik für die automatisierte flexible Blechteilefertigung**
Von Thomas Weber. ISBN 3-540-18136-9.
1987, 149 Seiten mit 56 Abbildungen. 68,– DM

110 **Entwicklung eines Meßverfahrens zur Bestimmung des Positionier- und Orientierungsverhaltens von Industrierobotern**
Von Günter Schiele. ISBN 3-540-18137-7.
1987, 116 Seiten mit 48 Abbildungen. 68,– DM

111 **Schwingungsbelastung beim Arbeiten mit handgeführten, einachsigen Motormähgeräten**
Von Peter Kern. ISBN 3-540-18193-8.
1987, 145 Seiten mit 43 Abbildungen und 5 Tabellen. 68,– DM

112 **Entwicklung eines berührungslosen Tastsystems für den Einsatz an Koordinatenmeßgeräten**
Von Hie-Sik Kim. ISBN 3-540-18578-X.
1987, 111 Seiten mit 62 Abbildungen und 4 Tabellen. 68,– DM

113 **Qualifizierung an Industrierobotern – Ziele, Inhalte und Methoden**
Von Volker Korndörfer. ISBN 3-540-18618-2.
1987, 318 Seiten mit 100 Abbildungen. 68,– DM

114 **Funktional und räumlich variables und modulares Laborgerätesystem**
Von Alfred Mack. ISBN 3-540-18786-3.
1988, 116 Seiten mit 39 Abbildungen. 73,– DM

Die Bände sind im Erscheinungsjahr und in den folgenden drei Kalenderjahren zu beziehen durch den örtlichen Buchhandel oder durch Lange & Springer, Otto-Suhr-Allee 26-28, 1000 Berlin 10.